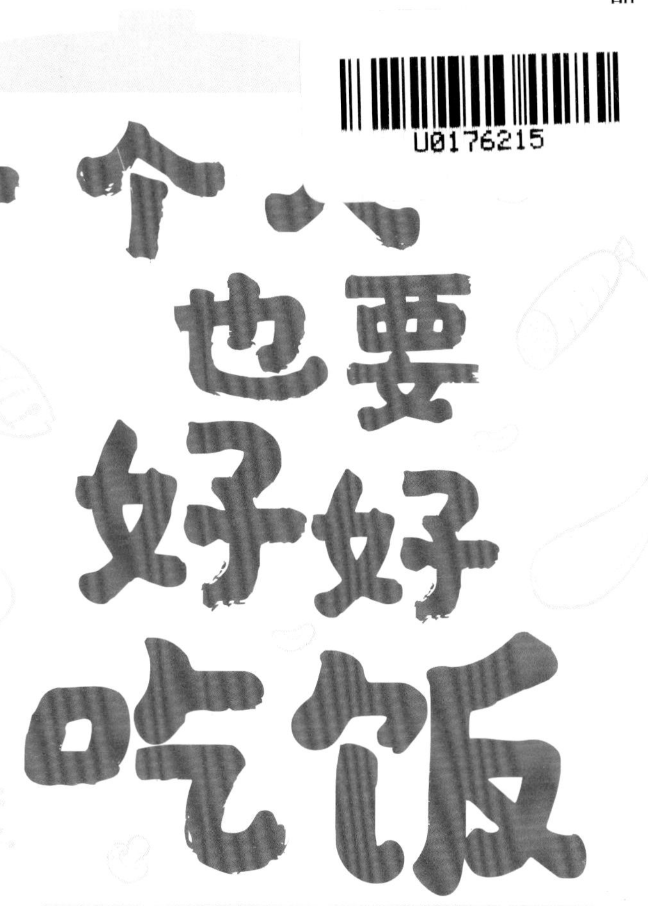

ENJOY

EACH MEAL

EVEN WHEN ALONE

中国纺织出版社有限公司

图书在版编目（CIP）数据

一个人也要好好吃饭 / 朗妈编著 . -- 北京：中国纺织出版社有限公司，2021.3

ISBN 978-7-5180-8055-7

Ⅰ . ①一… Ⅱ . ①朗… Ⅲ . 食谱—中国 Ⅳ . ① TS972.182

中国版本图书馆 CIP 数据核字（2020）第 205352 号

责任编辑：韩　婧　　责任校对：高　涵　　责任印制：王艳丽

中国纺织出版社有限公司出版发行

地址：北京市朝阳区百子湾东里 A407 号楼　邮政编码：100124

销售电话：010—67004422　传真：010—87155801

http: //www.c-textilep. com

中国纺织出版社天猫旗舰店

官方微博 http://weibo.com/2119887771

北京华联印刷有限公司印刷　各地新华书店经销

2021 年 3 月第 1 版第 1 次印刷

开本：787 × 1092　1/16　印张：11.5

字数：118 千字　定价：58.00 元

前言

Foreword

一个人看电影

一个人吃火锅

一个人去 KTV 唱歌

一个人搬家

一个人做手术

……

你在孤独等级表中位列第几级？

一个人的时光，在日复一日的站台、餐厅、房间内兜兜转转，日子波澜不惊，有人感到孤独、力不从心，有人享受自由、乐在其中。对于很多人来说，一人居早已是一种惬意的生活状态，成为一种主动选择的生活方式。但无论是否喜欢，人生总要有一个阶段会是一个人。

“食物是能量，是治愈，是珍贵”，好好吃一顿饭，对于独自生活的人来说，能带给我们的能量远远比吃饭本身多得多。然而我们却总是给自己灌输太多理由，好麻烦啊，我太忙了！不知道吃什么！我根本不擅长下厨！也因此，我们贴心准备了这本专为初学者准备的料理指南。简单日常的食谱，简洁明了的配图，事无巨细的步骤，关注细节的小贴士。只需下定决心，想象的困难永远比实际的多。

跟随本书，你可以不必迁就任何人的口味，选一份炒饭、烩饭、盖饭，在明火的热烈下，翻腾出一锅花样米饭；也可以煮一碗面，添一点浇头，倚在沙发上嗦上一口，满肚的怨气得以蒸发，酣畅淋漓；还可以拌馅、揉面，在一片叮叮当当中，将生活的五色五味都揉进这面前，咽在心头，皆是生活的馈赠；更或者，你今天什么也不想做，那就给自己煲一碗粥吧，细火熬煮，人窝在床上，氤氲着的是粥的热气与香气，更是独属于你的难忘时光……

从今天起，开始你的“一人份”美食之旅吧。妥帖照顾自己，才会增加莫大的勇气，不畏未来的风雨，期待美好的将来。

第一章

花样米饭 料理心情

第二章

面面俱到 满碗关怀

第三章

就爱吃馅 吃情十味

第四章

一杯豆浆 抚慰身心

第五章

营养好粥 慰贴肠胃

附录 营养豆浆对症保健速查表

第一章

花样米饭 料理心情

小小一粒米，种类却是五花八门。平凡普通的米饭，巧遇各种食材，加以不同的烹饪方法就能摇身一变，成为一道时尚、健康、营养的美食，让美食不再单调，餐桌上的美食花样百出，给你一份味觉享受。

鲜虾饭

原料

米饭…1碗
大虾…150克

调料

盐…适量
白糖…2大匙（30克）
醋…2大匙（30毫升）
料酒…1大匙（15毫升）
蒜末…1大匙（15克）
葱花…25克
水淀粉…2大匙（30克）
高汤…200毫升
植物油…300毫升
（实耗20毫升）

做法

1 虾去头去壳，除去杂质，取出虾线，洗净，将肉稍稍拍平，装碗，加料酒、盐浸泡5分钟。

2 取一只碗，将白糖、醋、料酒、高汤、水淀粉兑成汁。

3 将锅烧热，倒入植物油烧至六成热，将虾放入，稍炸捞出，待油温上升，再入锅，翻炸至表面酥时捞起。

4 倒去锅中余油，留少许底油，放入葱花、蒜末，炒出香味，烹入做法2兑好的汁，炒匀，再放入虾段，翻炒均匀。

5 装入便当盒后，搭配米饭一起食用。

小贴士

第一次将虾放入时，油一定不能过热，否则容易一下就把表面炸焦了，而里面还是生的。

START >>

1

2

3

4

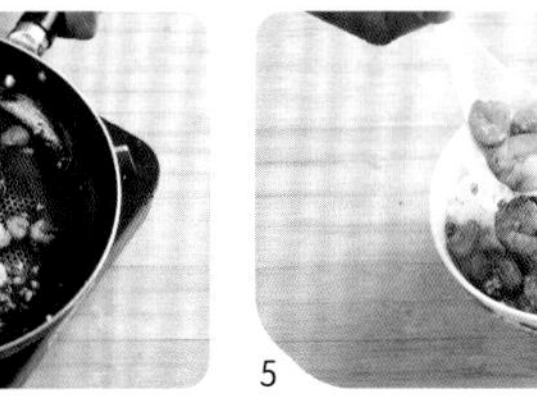
5

主料

米饭…150克
口蘑…50克
蟹味菇…50克
金针菇…40克

辅料

青菜…25克
奶酪…15克

调料

植物油…适量
生抽…1/2大匙（8毫升）
盐…1/4小匙（1克）
胡椒粉…1/4小匙（1克）

什锦素菇烩饭

START >>

1

2-1

2-2

做法

1 将口蘑、蟹味菇、金针菇、青菜洗净，去蒂，口蘑切片，青菜切碎；奶酪切小丁，备用。

2 将锅烧热，倒入适量植物油烧至五成热，放入口蘑、蟹味菇、金针菇翻炒均匀，加入奶酪丁、生抽、盐、胡椒粉，继续翻炒均匀，最后撒入青菜碎，熄火，将蒸熟的米饭拌入其中即可。

小贴士

奶酪丁可以在炒制的过程中加入，也可在出锅前加入。在炒制过程中加入的奶酪丁会融化在蘑菇里面，成品会溢满奶香。

主料

香米…100克
紫米…50克
黄米…30克
绿豆…20克

辅料

红柿子椒…30克
黄柿子椒…30克
绿柿子椒…30克
鸡肉…100克

调料

植物油…适量
盐…1/4小匙（1克）
白胡椒粉…1/2小匙（3克）

杂粮炒饭

做法

START >>

1 将香米、紫米、黄米、绿豆淘洗干净，蒸熟。

2 鸡肉洗净，切成小丁；红、黄、绿柿子椒洗净，去子，去蒂，切成小丁备用。

3 炒锅烧热，倒入植物油烧至三成热，放入鸡丁翻炒，待鸡丁变白后放入柿子椒丁翻炒均匀，然后加入盐、白胡椒粉调味，最后放入蒸好的杂粮米饭翻炒出锅即可。

小贴士

这款杂粮炒饭不要过于油腻，主要是借助鸡肉的香味为杂粮饭增色，二者相互融合为一体最好，所以，鸡丁可以切得尽量小，油也要少放，达到不油不腻、浑然一体为最佳。

主料

米饭…150克
鸡蛋… 2个
虾仁…15克
火腿丁…15克
香肠丁…15克

辅料

青豆…15克
水发香菇丁…15克
嫩笋丁…15克

调料

植物油…适量
盐…1/4小匙（1克）
胡椒粉…少许

扬州什锦蛋炒饭

做法

START >>

1 锅中倒入植物油烧至四成热，放入虾仁、火腿丁、香肠丁、青豆、嫩笋丁、水发香菇丁滑炒至熟，捞出沥油备用。

1

2 将炒锅刷洗干净，倒入适量植物油烧至五成热，将打散的鸡蛋液倒入锅中，炒至八成熟盛出备用。

2

3 将米饭炒散，加入刚才炒熟的原料，撒入盐、胡椒粉调味即可。

3

小贴士

炒米饭的要诀是一定要干、散、油。米饭最好煮硬一些，而且是隔天的剩米饭。炒米饭时一定要舍得放油，充足的油量，才能使米饭粒粒分明、油光锃亮，但也不要太过油腻。

主料

香米…60克
紫米…30克
黄米…30克
大麦米…20克
绿豆…10克
虾仁…50克
鸡肉…50克

辅料

红、黄、绿柿子椒…各适量

调料

番茄酱…1大匙（15克）
橄榄油…适量
鸡汁…1大匙（15毫升）

START >>

1

2

3

4

鸡米虾仁盖饭

做法

1 香米、紫米、黄米、大麦、绿豆淘洗干净，放入电饭煲内，加入适量水和鸡汁的混合溶液，将米饭蒸熟。

2 虾仁洗净，去虾线；鸡肉洗净，切丁；红、黄、绿柿子椒洗净，去子、去蒂，切丁，备用。

3 锅中倒入适量橄榄油，烧至五成热时，放入虾仁、鸡丁，翻炒至变色，放入红、黄、绿柿子椒丁继续翻炒，并加入番茄酱，待炒匀熄火。

4 将蒸熟的米饭与炒好的大虾一同食用即可。

番茄酱中会有盐分，所以在烹炒鸡米虾仁的时候，就不要再添加盐了。另外，在焖煮米饭的时候加入1大匙鸡汁，能够令米饭更香更油亮。

新疆手抓饭

主料

大米…150克
羊腿肉…150克
胡萝卜丝…25克

辅料

苹果丝…25克
白洋葱丝…25克
紫洋葱丝…25克
葡萄干…少量

调料

植物油…适量
盐…1/4小匙（1克）
生抽…2小匙（10毫升）
香菜碎…1/2小匙（3克）
孜然粒…1/2小匙（3克）
蒜末…1/2小匙（3克）

做法

1 先烧一锅开水，大米用水浸泡 2 小时后，再用热水淘 2 遍，备用。

2 羊腿肉切大块，用水焯过后，加生抽、盐炖 30 ~ 40 分钟，捞出备用。

3 锅中加少量植物油，放入蒜末、洋葱丝炒出香味，再入胡萝卜丝、苹果丝翻炒，撒少许盐调味后盛出备用。

4 另起锅烧热，倒入大量植物油烧至五成热，放入煮好的羊肉，煎炸出焦香味；放入刚炒好的菜丝，再放泡好的大米，翻炒后放入水（水量是食材的 1/2），水开后转小火炖煮 30 ~ 40 分钟即可。在炖煮的过程中可以依据口味入适当的盐、孜然粒、葡萄干、香菜末。

小贴士

正宗的新疆手抓饭是不会加生抽的，但是吃起来易有腥味，适当地在抓饭里面添加一些生抽，去膻提鲜，味道相当不错哦。

START >>

1

2

3

4

韩式石锅拌饭

主料

米饭…100克
牛肉馅…50克
火腿丝…50克
黄瓜丝…40克
菠菜丝…40克
胡萝卜丝…40克
豆芽…15克
黑木耳丝…15克
黄柿子椒丝…15克
红柿子椒丝…15克
青豆…10克

辅料

鸡蛋…1个

调料

韩式甜辣酱…1/2大匙（8克）
香油…适量
芝麻…适量
植物油…适量

做法

1 豆芽、菠菜丝、胡萝卜丝、黑木耳丝、红柿子椒丝、黄柿子椒丝、青豆放入沸水中焯熟；牛肉馅放入五成热油锅中煸炒熟备用。

2 米饭在放入石锅前，在石锅底部及边缘涂抹一层香油，其作用是不使米饭黏锅，同时添加油香味道。

3 石锅放入米饭后，再在表面呈扇状铺上所有蔬菜、牛肉末与鸡蛋，加热后当香油滋滋作响时，煎一个荷包蛋放到最上面即可。

小贴士

用来做拌饭的韩式辣酱一定要选择韩式甜辣酱，否则会影响口感。如今市售的都是韩式辣椒酱，不必紧张，只要自己加工一下，便能够轻松得到韩式甜辣酱。盛出需要的辣椒酱放入碗中，加入白糖，根据自己的口感添加，锅中倒入少许油，烧至滚热时离火，浇入辣椒酱中，搅拌均匀即可。

START >>

1

2

3

主料

奶酪…150克
熟米饭…150克

辅料

黑橄榄…10粒
芦笋…10根
腊肠…6根
笋尖…40克
胡萝卜…30克

调料

黑胡椒粉…1小匙（5克）
盐…1小匙（5克）

橄榄奶酪焗饭

做法

1 黑橄榄洗净，切圆片；芦笋洗净，去外皮切丁；腊肠切丁；笋尖洗净，切小圆丁；胡萝卜去皮，切粒；奶酪刨成丝。

2 将蒸熟的米饭盛入烤盘中，然后将黑橄榄、芦笋、腊肠、笋尖、胡萝卜、奶酪丝、黑胡椒碎、盐混合均匀，撒在米饭上，放入已经预热好的烤箱，200℃烤 10 分钟，待奶酪完全融化即可。

START >>

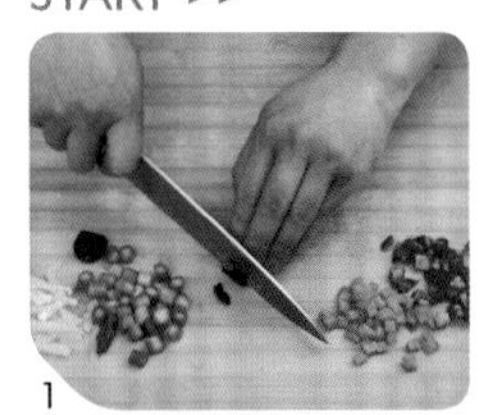

1

2

3

小贴士

焗饭关键在于不能出水。在烤制的过程中，只要有一点儿水渗出，那这份焗饭的口感就会大打折扣。所以，加入的蔬菜一定要沥干水分。

主料

米饭…150克
松子…1大匙（15克）
核桃碎…30克
腰果…30克
芝麻…20克

辅料

洋葱…5克
青豆…少许
青菜叶…少量
百里香…少许

调料

盐…2克
橄榄油…适量
高汤…2大匙（30毫升）

START >>

1

2

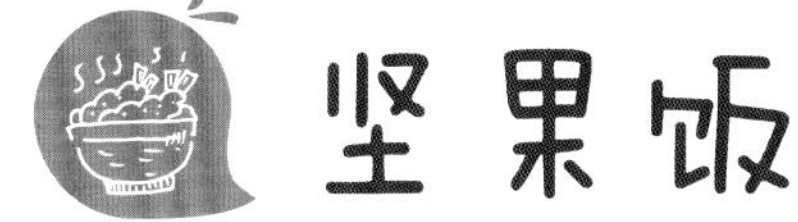

坚果饭

做法

1 将橄榄油倒入锅中烧至五成热，放入洋葱、松子、核桃碎、芝麻、腰果，翻炒均匀，加入高汤和盐略煮一会儿。

2 待干果略有膨大，放入蒸熟的米饭、百里香、青豆、青菜叶翻炒均匀即可。

小贴士

坚果饭是非常有营养的一款饭，而且制作起来非常随性，只要自家有的坚果，都可以将它加入到饭中。但要注意，坚果粒越小越好，这样吃起来不会影响口感。

青瓜寿司卷

主料

寿司米…150克

辅料

烤紫菜…3张
黄瓜…30克
胡萝卜…30克

调料

鸡汁…2大匙（30毫升）
白醋…2小匙（10毫升）
盐…1克
白糖…2克
寿司酱油…适量

做法

1 将寿司米洗净后放入电饭煲中，在鸡汁中加入盐和白糖调配匀，倒入寿司米中，加水蒸熟。

2 黄瓜洗净去皮，切成细条；胡萝卜洗净，去皮切细条后，用沸水汆烫熟，捞出沥水。

3 将蒸熟的寿司米盛出，加白醋搅匀，静置 5 分钟，待寿司米变得黏黏的就可以了。

4 将烤紫菜轻轻地放在寿司帘上，均匀地铺上一层约 5 毫米厚的寿司米，但不要铺满整张烤紫菜，只占烤紫菜的 4/5，留出的 1/5 在最底部。

5 将切好的黄瓜条、胡萝卜条放在铺有寿司米的部分，排列整齐。

6 将寿司帘从底部卷起，包入黄瓜条、胡萝卜条后，使劲攥，使它更加紧实。

7 将寿司卷继续向上卷，直至整张烤紫菜全部包入寿司帘后，再使劲攥。

8 将寿司卷整形，切成 1.5 厘米厚的寿司。吃的时候蘸寿司酱油即可。

START >>

主料

米饭…100克
口蘑…50克
番茄…1/2个

辅料

芹菜…25克
紫洋葱…25克
芝士碎…1/2大匙（8克）

调料

番茄酱…1/2大匙（8克）
蒜蓉…1小匙（5克）
法香碎…1/2小匙（3克）
植物油…适量

START >>

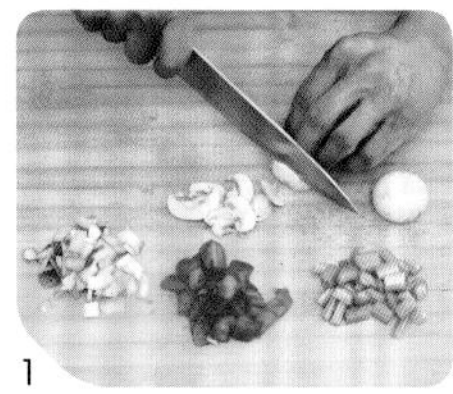
1

2

3

4

意大利红烩饭

做法

1 将口蘑洗净，去蒂，切片；番茄洗净，去皮；芹菜、紫洋葱洗净，切成小块备用。

2 将锅烧热，放入植物油烧至五成热，将蒜蓉放入锅中翻炒出香味后，放入切好的番茄、芹菜、洋葱、口蘑炒熟，放入番茄酱，加水熬煮。

3 待汤汁变少，将米饭倒入锅中，搅拌均匀，小火煮到汤汁完全收干。

4 最后撒上芝士碎、法香碎即可。

小贴士

用来做烩饭的米饭不要选择过于黏软的，要尽量将米饭做到粒粒分明，颗粒晶莹饱满，如果是半熟的米饭就最好了，在锅中经过汤汁慢慢将其煨熟，口感更佳。

主料

红小豆…50克
糯米…150克

辅料

炒香黑芝麻…少量

调料

盐…少量

日本红豆饭

START >>

1

2

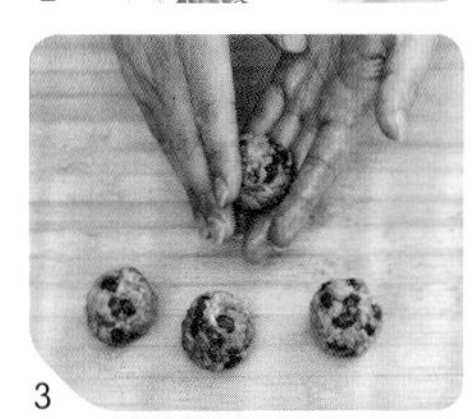
3

做法

1 红小豆洗净，浸泡在清水中约 2 个小时，然后加入适量水煮开，转中火煮 10 分钟后熄火待凉。

2 糯米洗净，与红小豆及红豆汤、盐混合均匀，放入电饭煲内蒸熟。

3 将蒸熟的红豆饭在手中攒成饭团,撒上黑芝麻即可。

小贴士

如果喜欢吃甜甜的红小豆饭，也可以将调料中的盐用白糖替换，再淋入 1 小匙的蜂蜜，这样蒸煮出来的红豆饭就会香香甜甜的了。

主料

香米…100克
糯米…50克
牛肉馅…100克

辅料

生菜…50克
黄瓜 … 1个
胡萝卜… 1个

调料

盐…1/2小匙（3克）

START >>

1

2

3

4

蛋包火腿香饭

做法

1 腊肠切片备用。

2 将锅烧热，锅中倒入适量植物油，然后放入打散的鸡蛋液摊成鸡蛋皮，盛出。

3 锅中继续加入适量植物油，烧热后放入腊肠片、青椒粒、熟米饭，翻炒均匀，撒入盐、味精、胡椒粉调味，熟后盛起备用。

4 将炒好的米饭小心包入蛋皮中即可。

小贴士

想要摊出又薄又完整的蛋皮，在制作过程中有很多技巧。首先在蛋液中加入一点点清水，搅拌均匀，然后将平底锅烧得比较热，再放入少许植物油，热锅温油，倒入鸡蛋液，然后慢慢摇匀锅体，待鸡蛋皮一面凝固后，翻转另一面就可以了，注意一定要保持小火。

主料

香米…100克
糯米…50克
牛肉馅…100克

辅料

生菜…50克
黄瓜 … 1个
胡萝卜… 1个

调料

盐…1/2小匙（3克）

START >>

1

2

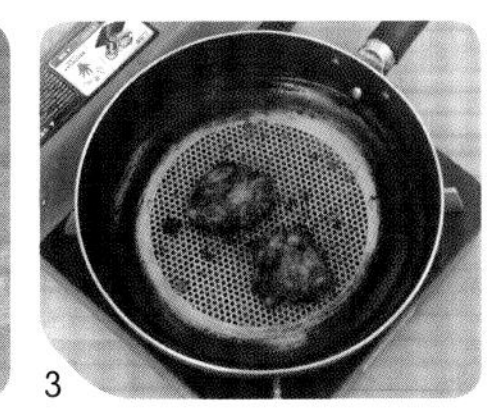
3

4

煎牛肉米汉堡

做法

1 香米和糯米洗净，放电饭煲煮熟，晾凉备用；生菜切方块；黄瓜、胡萝卜切片。

2 案板上铺保鲜膜，将米饭铺平，再盖一层保鲜膜压平，然后切成方形备用。

3 牛肉馅也在案板上按扁成肉饼，放入油锅煎熟。

4 将米饭饼、肉饼、黄瓜片、胡萝卜片、米饭饼依次摆好，袖珍可爱的米汉堡就完成了。

小贴士

漂亮的米汉堡一定要配上上乘的酱汁、蒜蓉、蚝油、绵白糖、植物油及适量清水搅拌均匀，制成美味的香蚝酱，涂抹在米汉堡上，一口咬下，回味无穷哦。

原料

鲷鱼肉…100克
虾仁…50克
蒸熟的米饭…150克

辅料

扁豆…40克
香菇…3朵
芹菜…20克
红黄绿柿子椒…各少许

调料

盐…1小匙（5克）
生抽…1大匙（15毫升）
鲍鱼汁…1小匙（5毫升）
白胡椒粉…1小匙（5克）
橄榄油…适量

鲷鱼煎虾饭

做法

1 鲷鱼肉洗净，切大块；虾仁洗净，去虾线；扁豆择洗干净，切小段；香菇洗净，去蒂，切小块；芹菜洗净，切成小段；柿子椒洗净，去子，去蒂，切丝。

2 锅中倒入少许橄榄油，烧至三成热时，放入鲷鱼肉，将其双面煎至金黄后，放入虾仁、扁豆、香菇、芹菜、柿子椒翻炒均匀，加入盐、生抽、鲍鱼汁、白胡椒粉，待全部食材熟透后，熄火盛出。

3 将米饭盛入碗中，加入炒好的各种食材即可。

START >>

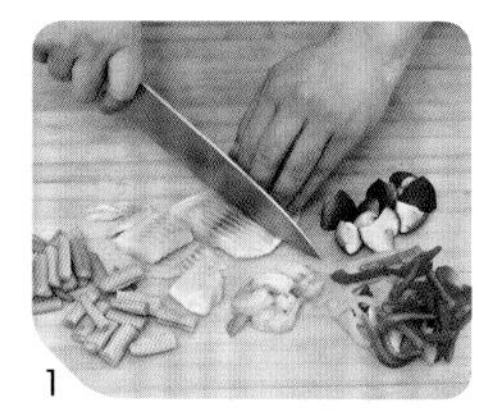

1

2

3

小贴士

如果希望鲷鱼肉更加入味，可以将鱼肉横向切数刀，纵向均匀切数刀，然后加入盐、白胡椒粉、料酒腌制 30 分钟。如果鱼肉提前腌过，那么在炒的过程中就要少添加调料。

主料

米饭…150克
白菜叶…5大片
虾仁…100克

辅料

胡萝卜…40克
黄瓜…40克

调料

甜酱…1大匙（15克）

START >>

1

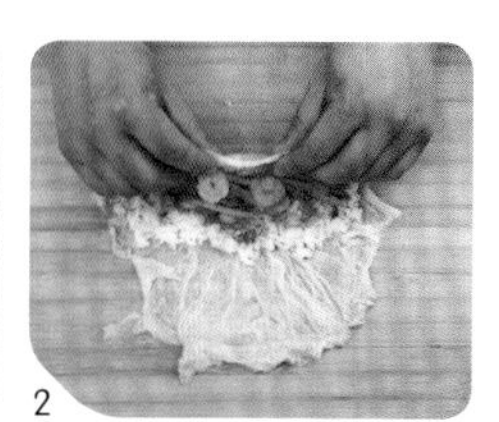

2

翡翠白菜饭卷

做法

1 将白菜叶洗净，用沸水汆熟；胡萝卜、黄瓜洗净，去皮，切丝；虾仁去虾线；将虾仁、胡萝卜放入沸水中焯熟备用。

2 将蒸熟的米饭铺在沥干水分后的白菜叶上，涂抹上一层甜酱，放入黄瓜丝、胡萝卜丝、虾仁，卷成卷即可。

小贴士

如果白菜的上下口不好封住，可以用几根焯过的香菜将白菜卷的两头系紧。

原料

高粱米饭…1碗
鸡翅…250克
香菇…15克
嫩笋…15克
胡萝卜…20克

调料

葱段…10克
姜片…5克
蒜末…1小匙（5克）
甜面酱…4小匙（20克）
醋…4小匙（20毫升）
酱油…4小匙（20毫升）
料酒…1小匙（5毫升）
盐…1小匙（5克）
植物油…2大匙（30毫升）

START >>

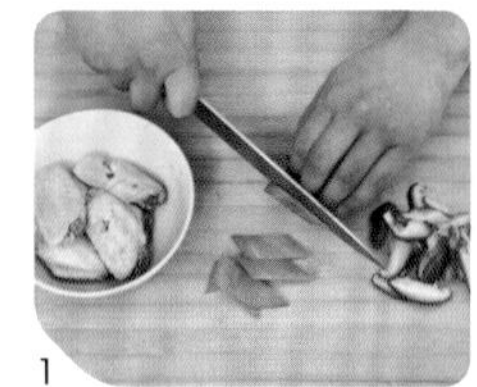
1

2

3

4

酱汁鸡翅高粱饭

做法

1 把鸡翅切成3段，用开水焯透，捞出；胡萝卜和冬菇洗净，切片。

2 炒锅烧热，倒入植物油烧至五成热，放入葱段、姜片、蒜末和甜面酱煸炒。

3 炒出香味后，放入鸡翅、香菇片、嫩笋片翻炒，再放料酒、酱油、醋、盐，焖约10分钟，熟时加胡萝卜片，收汁，出锅装盘。

4 将营养丰富的高粱米饭和酱汁鸡翅放入碗中即可。

小贴士

一年四季中，春天重在养肝。鸡肉能滋养肝气，春天要多吃。

原料

燕麦米饭…1碗
三黄鸡…1/2只

调料

大葱…2段
姜…2片
大料…3个
盐焗鸡粉…1大匙（15克）
植物油…适量
粗盐…1000克

START >>

1

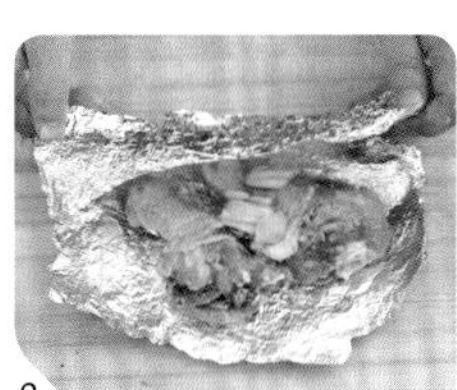
2

3

4

盐焗鸡燕麦米饭

做法

1 将三黄鸡处理干净，然后将盐焗鸡粉均匀地涂抹在鸡身表面和内侧，腌制10分钟左右；大葱切段；姜切片。

2 取2张油纸（尺寸均以能包裹住整鸡为宜），先在一张油纸上均匀地刷上一层油，然后将大葱段、姜片、大料和腌好的三黄鸡放上裹住，再将另一张油纸包裹在外面，封好口。

3 粗盐放入炒锅中用小火翻炒10分钟，使其完全热透，取出2/3，将包裹好的三黄鸡放入，接着把取出的热粗盐倒在表面，使整只包好的鸡完全被覆盖住。

4 再用小火将整只铁锅加热，焗制20分钟即可打开油纸取出焗好的鸡，撕下鸡肉和燕麦米饭拌匀，放入碗中即可。

【point：最好就要提前一天做好，早上加热后给孩子吃】

酸豇豆排骨二米饭

原料

二米饭…1碗
猪肋排…400克
酸豇豆…100克
香芹…1/2棵

调料

葱花…1小匙（5克）
香菜段…1小匙（5克）
盐…1/2小匙（3克）
白糖…1/2大匙（8克）
植物油…200毫升
（实耗20毫升）

做法

1 将猪肋排洗净，剁成 5 厘米长的小段；酸豇豆切成 0.5 厘米长的碎粒；香芹洗净，切成同样大小的碎末。

2 大火烧热炒锅，倒入植物油烧至六成热（手掌置于油面上方能感到轻微热气）时，将猪肋排放入，转小火慢慢炸 5 分钟，用漏勺捞出，沥干油分备用。

3 将油倒出，锅中留约 1 大匙 (15 毫升) 底油，大火烧热后，将葱花放入爆香，随后放入盐、白糖、酸豇豆粒和猪肋排，煸炒 3 分钟，至猪肋排干香入味，最后下入香芹末和香菜段，翻炒均匀即可。

4 将酸豇豆排骨和二米饭一同食用即可。

小贴士

1. 猪肋排应当选用小而整齐的猪小排，可以先让商贩剁好，再拿回家烹饪。
2. 肋排块入锅油炸前，应充分沥干水，或用厨房纸巾擦干。

START >>

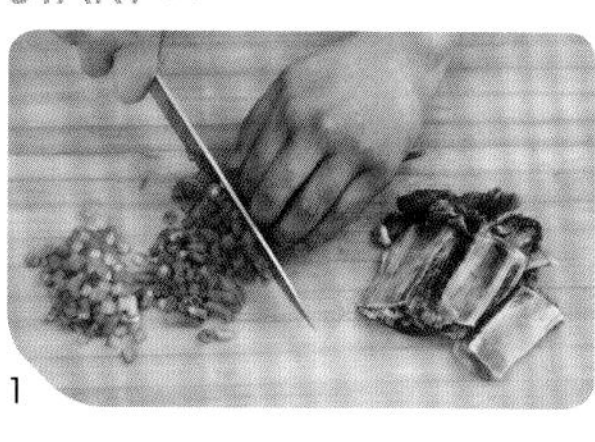
1

2

3

4

板栗仔鸡薏米饭

原料

薏米饭…1碗
仔鸡…1/2只（约200克）
去皮板栗…50克

调料

酱油…3大匙（45毫升）
白糖…1小匙（5克）
葱段…2段
姜片…2片
香葱粒…1小匙（5克）
植物油…2大匙（30毫升）

做法

1 仔鸡清洗干净，剁成约 4 厘米的块，用 1 大匙酱油拌匀，腌 20 分钟。

2 栗子洗净后泡水 1 小时，捞出放在容器中，加 1 杯清水，放入蒸锅中，大火蒸 20 分钟，揭盖放入 1 小匙白糖，再蒸 10 分钟，取出沥干水备用。

3 取一干净炒锅烧热，放入植物油烧至五成热，先把葱段和姜片炒出香味，再放入鸡块，然后加 2 大匙酱油炒 5 分钟，当鸡肉变得棕红油亮时，调入 1 小匙白糖和可以没过鸡块的热水，大火烧开后，改小火煮 20 分钟。

4 取出锅中的葱段、姜片，加入蒸好的板栗，小火煮20分钟，揭盖调大火将汤汁收浓，撒入香葱粒即可。

5 将诱人的板栗仔鸡和喷香的薏米饭装碗即可。

小贴士

1. 栗子用水浸泡 1 小时后，上面残留的外壳和绒毛就可以用牙签很容易地挑去。
2. 放入板栗后，尽量不要用锅铲翻动，只需轻轻摇动炒锅，即可避免栗子碎裂。

START >>

1

2

3

4

5

原料

大米…100克
猪肉丝…200克
虾仁…25克
圆白菜…50克
甜玉米粒…20克
青菜…20克

调料

蒜蓉…2小匙（10克）
高汤…适量
盐…1/2小匙（3克）
料酒…1小匙（5毫升）
胡椒粉…1/2小匙（3克）
植物油…适量

大虾圆白菜饭

START >>

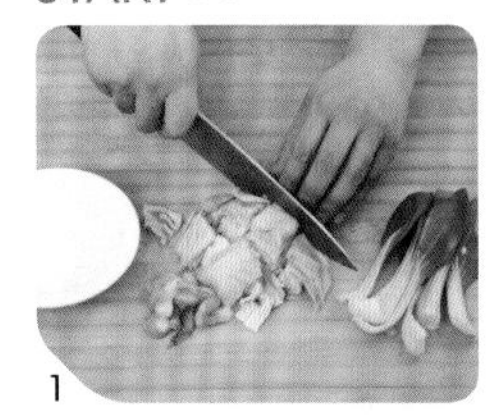
1

2

3

做法

1 大米洗净；虾仁洗净；圆白菜洗净，切片；青菜洗净，去根备用。

2 锅烧热，倒入植物油，烧至七成热时，放入蒜蓉爆香，再放入虾仁、猪肉丝、甜玉米粒、青菜，翻炒至变色，再加入大米拌炒，以小火边拌炒边加入高汤，炒至米粒呈透明状，接着加入圆白菜片及盐、料酒、胡椒粉，拌炒均匀至圆白菜微软后熄火。

3 取一电饭锅，将炒好的原料放入电饭锅中，加入适量水，煮至开关跳起后，继续闷煮10分钟，接着打开锅盖将圆白菜饭拌匀即可。

原料

米饭…1碗
土豆…1个
牛肉…100克
鸡蛋…1个

调料

植物油…2小匙（10毫升）
盐…1/2小匙（3克）
胡椒粉…适量
香菜碎…1小匙（5克）

START >>

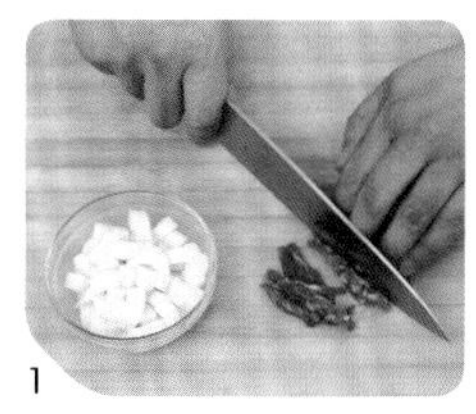
1

2

3

4

鸡蛋土豆牛肉饭

做法

1 土豆去皮后洗净，切粒，放入热水锅中，再放入少许盐，用中火把土豆粒煮 5 分钟，捞起留用；牛肉洗净，切丝，撒少许盐及胡椒粉腌一下备用。

2 烧热锅，放入植物油烧至五成热，放入打散的鸡蛋液炒好，盛出备用，再用中火把牛肉炒至变色。

3 接着把土豆粒加入锅中，与牛肉一同炒 2 分钟，再加少许盐及胡椒粉调味。

4 在碗里装好菜和饭，最后装上鸡蛋，撒上香菜碎即可。

小贴士

如果不喜欢把土豆弄得像土豆泥一样软的话，可以少煮一会儿，或者先在热油锅里翻炒几下盛出备用亦可。

糟汁排骨二米饭

原料

二米饭…1碗
猪肋排…250克
胡萝卜…150克

调料

香葱…适量
老姜…1块（约20克）
大葱…1根
大蒜…1/2头
大料…1枚
花椒…5粒
桂皮…1根
香叶…1片
老抽…1/2小匙（3毫升）
料酒…1/2大匙（8毫升）
冰糖…1/2大匙（8克）
盐…1小匙（5克）
植物油…1大匙（15毫升）

做法

1 将猪肋排剁成5厘米长的小段，在沸水中煮2分钟，待血沫析出后用漏勺捞出，再用热水反复冲洗干净，沥干水分。

2 胡萝卜切成4厘米长的小块；大葱切段；大蒜略拍散；老姜洗净，拍散，切小块（不用刮皮）。

3 将锅烧热，大火加热炒锅中的植物油，放入煮过的排骨煎炒2分钟，至表面略显焦黄色时，加入冰糖、姜块、葱段、大料、花椒、桂皮和香叶一起煸炒1分钟。

4 依次沿炒锅内沿淋入料酒和老抽，炒匀后加入可以没过排骨的沸水，转入砂锅中，烧至再次沸腾后改小火慢炖1小时。

5 加入胡萝卜和盐再炖20分钟，离火前撒上香葱。

6 出锅后与二米饭一同食用即可。

小贴士

1. 排骨事先煎炒，可以使炖肉的汤汁变得浓稠醇香；加入沸水是为了避免肉质变紧。
2. 照此做法可以一次性多炖些排骨，保存在冰箱里。

START >>

1

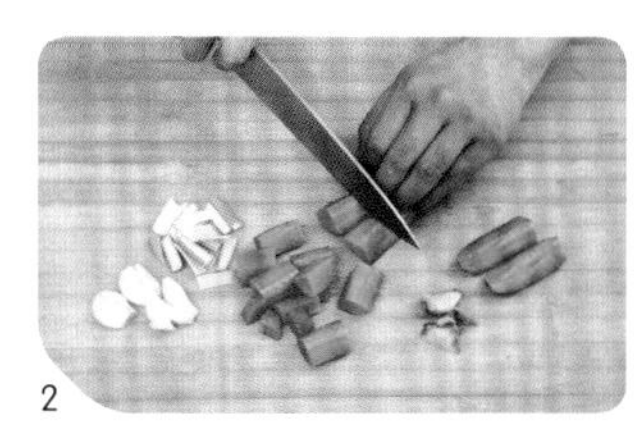
2

3

4

5

6

狮子头二米饭

原料

二米饭…1碗
猪肉…250克
青菜心…2小棵

调料

大葱末…1小匙（5克）
淀粉…1小匙（5克）
盐…1小匙（5克）
香葱…1/2小匙（3克）
料酒…1大匙（15毫升）

做法

1 菜心择洗干净；香葱洗净，切小粒。

2 猪肉洗净，先切成小块，加入大葱末，一起剁成肉末，调入淀粉、料酒和盐，搅拌均匀。

3 将和好的猪肉馅均分成2份，分别在蘸了水的手中团成大丸子。

4 大丸子放入一个深瓷碗中，缓缓倒入水，要没过肉丸。将深碗放入蒸锅中，隔水大火蒸40分钟。

5 另取净煮锅，用沸水将菜心汆熟，取出沥干水分后，整齐地码入另一个深瓷盘中，再将蒸好的狮子头移入此盘中，并淋入清蒸狮子头的肉汤，表面撒上香葱粒即可。

6 把狮子头同二米饭一起装入便当盒。

小贴士

1. 制作大丸子时，可先将双手用水蘸湿，避免肉馅粘手。
2. 为了节省烹饪时间，也可以将狮子头做得小些，减少蒸的时间。
3. 也可直接购买现成的肉馅，但要注意肥瘦搭配，最好是七成瘦三成肥。

START >>

1

2

3

4

5

6

原料

小米…100克
大虾…3只
青菜…适量
蛋黄…1个

调料

黄油…小匙（5克）
醋…1/2小匙（3克）
盐…1小匙（5克）

大虾小米饭

START >>

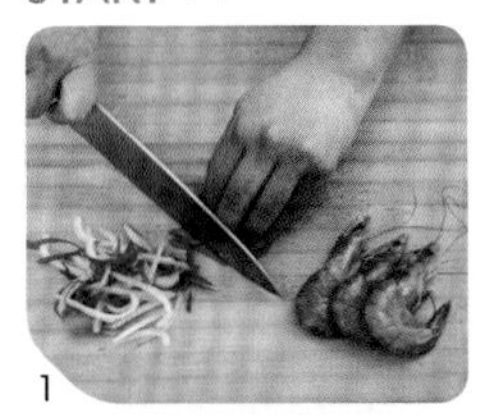
1

2

3

做法

1 将虾去沙线，洗净；青菜洗净，切丝。

2 将虾、青菜丝和小米加水一起放电饭煲里蒸。

3 将少许黄油放在热锅里融化，改小火，缓缓放入打好的蛋黄，要不停地搅拌，最后加醋和盐，即成调料汁。饭熟后将汁拌着虾饭吃，很是美味。

调料汁可以用蛋黄酱代替，同样美味。

原料

大米…150克
黄瓜…1/2根
鸡蛋…2个

调料

豆豉酱…2大匙（30克）
盐…1/2小匙（3克）
虾皮…适量

START >>

1

2

3

4

煲仔酱饭

做法

1 将大米洗净，加适量的水，放入电饭煲蒸饭。

2 待米饭已经八成熟，状态介于干饭和稠粥之间时，将豆豉酱倒在饭上，随即打上一个蛋一起搅开。

3 加入盐和虾皮，此时酱的香味就如同被激活了一样，扑面而来。

4 继续煲至米饭全熟，切一些黄瓜丝放在饭上即可。

小贴士

吃煲仔酱饭的时候也要吃点青菜，补充一下维生素，所以黄瓜丝不可省略。

第二章

面面俱到
满碗关怀

秋冬时节的一碗热汤面，盛夏时分的一碗快手凉面，还有春天来临时的那碗三鲜面，无不令人在饱腹时感受到浓浓关怀。关爱自己，从一碗好面吃开去。

京味打卤面

原料

水面…100克
猪肉末…25克
鸡蛋…1个
干黄花菜…5克
干香菇…25克
黑木耳…3克

调料

植物油…50毫升
葱花、姜末、蒜末…各适量
水淀粉…1小匙（5毫升）
老抽…1小匙（5毫升）
鸡精…1/2小匙（3克）
盐…1/2小匙（3克）

做法

1 将干香菇、干黄花菜、黑木耳分别放入水中泡发洗净，香菇切片，黑木耳撕碎。

2 锅中倒入植物油烧至五成热，放入猪肉末，加姜末炒熟；然后将香菇片、黄花菜、黑木耳一起放入锅中，加入适量的清水煮 15 分钟。

3 汤中加入盐、鸡精、老抽调味，然后加水淀粉勾芡，再加入打散的鸡蛋，煮熟，即做成卤。

4 另起锅倒入植物油烧至五成热，放入蒜末炒出香味，将热植物油均匀地淋在刚才做好的卤上，卤汁便做好了。

5 另起一锅，烧水煮面；面熟后捞出，浇上做好的卤汁，撒上葱花即可。

小贴士

1. 泡发黄花菜、黑木耳也有讲究，正确的方法是用凉水泡黑木耳，而用温水泡黄花菜。
2. 卤不要太咸，连汤带卤一气吃完，痛痛快快吃最好。

START >>

1

2

3

4

5

武汉热干面

原料

水面…100克

调料

葱花…少许
熟花生碎…少许
香油…1/2大匙（10毫升）
芝麻酱…1/2大匙（10克）
老抽…1/2小匙（3毫升）
蒜汁…适量
鸡精…1/4小匙（1克）
盐…1/4小匙（1克）

做法

1 将面放入沸水中，再煮沸即可，不宜煮太软。

2 将面条捞出，放在案板上风干，可以用电风扇吹；一边吹一边往面上淋适量香油搅拌，直到面凉。

3 用适量香油将芝麻酱调成稀糊状的芝麻酱汁备用。

4 再在锅中烧开水，将拌好的面装入漏勺里，煮约1分钟就捞出来，盛入碗中。

5 把芝麻酱汁、老抽、蒜汁、鸡精、盐等所有调料放入搅拌均匀，最后撒上葱花、熟花生碎即可。

小贴士

最后调味的时候老抽要少加，芝麻酱汁一定要多。

START >>

1

2

3

4

5

肉片卤蛋面

原料

水面…100克

五花肉…150克

煮鸡蛋…1个

青菜…30克

西蓝花…30克

高汤…适量

调料

葱花…5克

葱段…10克

姜片…5克

桂皮、大料、五香粉…各适量

盐…1小匙（5克）

料酒…2小匙（10毫升）

老抽…2小匙（10毫升）

白糖…1/2小匙（3克）

做法

1 五花肉处理干净，在五花肉上均匀地抹上盐、老抽和五香粉。

2 锅中放入五花肉，再放入能没过五花肉的水，加入盐、老抽、白糖、葱段、姜片、桂皮、大料，大火烧开后放入料酒，然后改小火熬炖 1 小时。

3 炖煮过程中，将适量汤汁取出，在汤汁中放入去皮煮熟的鸡蛋，腌制卤蛋。

4 五花肉炖好后，取出，去骨切片。

5 另起一锅烧开水，下好面条，捞出；青菜和西蓝花放入水中焯一下，断生，捞出。

6 取适量炖五花肉的汤汁倒入大碗中，和高汤混合，放入煮好的面条，再放上五花肉肉片、切好的卤蛋以及小青菜和西蓝花即可。

小贴士

1. 如果不用五花肉，用猪肘子肉也可以。
2. 炖五花肉时要注意老抽和盐的用量以及卤汁的浓度，以免过咸，作为面的汤底时，要加入适量高汤冲淡。

START >>

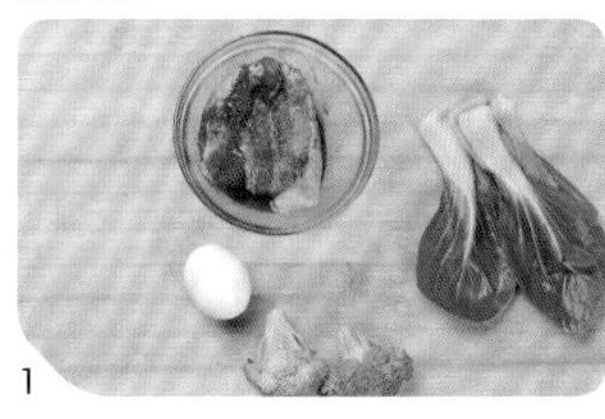
1

2

3

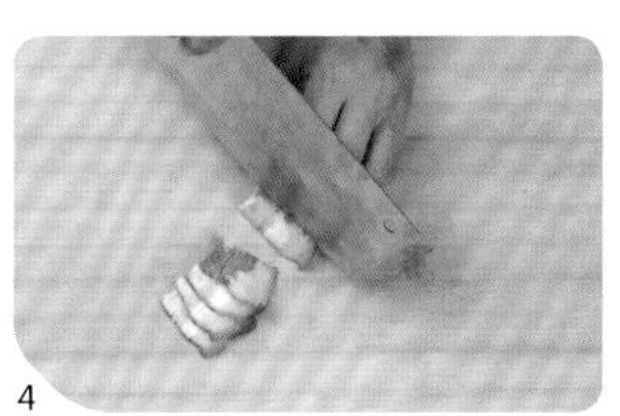
4

5

6

原料

切面…150克
牛肉…100克
青椒…1/2个

调料

葱丝、姜末、蒜末…各少许
植物油…适量
酱油…3小匙（15毫升）
盐…1小匙（5克）
鸡精…1小匙（5克）

牛肉炒面

做法

START >>

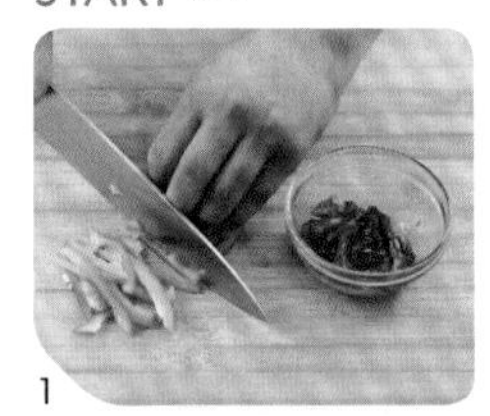
1

2

3

1 牛肉洗净，切丝，用1小匙（5毫升）酱油腌制一会儿使其入味；青椒洗净，从中间剖开，去蒂去子，然后切成细丝。

2 将切面上蒸锅蒸熟，盛出，抖散备用。

3 炒锅内倒入植物油烧至五成热，先将牛肉丝放入锅中翻炒，炒至稍稍变色时放入青椒丝、面条、葱丝、姜末、蒜末，大火快速翻炒，并用2小匙（10毫升）酱油、盐和鸡精调味，等炒出葱姜蒜的香味后即可出锅。

小贴士

切面要细，上锅蒸熟是为了不让面条中有多余的水分，以免炒出的炒面味道不够浓厚。

原料

面条…150克
虾仁…30克
猪肉…25克
青柿子椒…15克
红柿子椒…15克

调料

料酒…1/2大匙（8毫升）
姜汁…1/2小匙（3毫升）
酱油…1小匙（5毫升）
植物油…适量
葱花…适量
干淀粉…适量
香油…适量

START >>

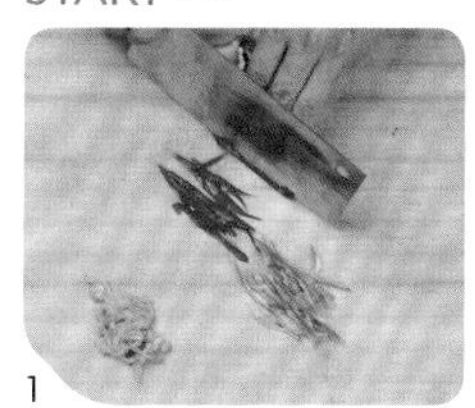
1

2

3

4

虾仁面

做法

1 将猪肉洗净切丝；青、红柿子椒洗净切丝。

2 将虾仁用干淀粉上浆；炒锅中倒入适量植物油烧至五成热，将上浆的虾仁放入植物油锅滑一下即刻捞出。

3 炒锅中留植物油烧至六成热，放入葱花，煸出香味后，放入姜汁、料酒，加水、酱油烧沸后，下青、红柿子椒丝，然后放入滑过植物油的虾仁，淋香油出锅，制成调料汁。

4 在另一锅中将面条煮熟；将面条盛在碗里，淋上刚刚做好的调味汁即可食用。

小贴士

如不喜欢重颜色，可以用拌面酱油或生抽调味，喜欢颜色深则用老抽。

原料

面条…150克
猪肉馅…70克
番茄…1个
冷冻豌豆粒…25克
香菇…1朵
番茄酱…2大匙（30毫升）

调料

盐…1小匙（5克）
白糖…适量
植物油…8毫升

豌豆番茄肉酱拌面

做法

1 番茄洗净去蒂，切成小碎丁；香菇洗净泡软，沥干水分后，切成与番茄丁同样大小的小丁；豌豆化冻，在沸水中焯一下。

1

2 炒锅倒入植物油烧至五成热，下肉馅煸炒至稍稍变色，然后放入番茄丁、香菇丁、番茄酱、豌豆、盐和少许清水，翻炒至熟，加白糖调味，待汤汁浓稠后即可出锅。

2

3 将面条在沸水中煮熟捞出，在凉白开中浸一下，放入盘中，将锅中的豌豆番茄肉酱淋在面上即可。

3

小贴士

1. 如果喜欢更甜一些的口味，可适当多加点白糖，少放点番茄酱。
2. 面条也可以用通心粉代替，在酱料中加入洋葱碎，别有一番意大利风味。

原料

挂面…100克
紫菜…少许
馄饨皮…若干
虾…150克
猪肉…50克
高汤…适量
海米…适量

调料

料酒…1大匙（15毫升）
香油…1大匙（15毫升）
姜末…少许
海米…少许
胡椒粉…少许
葱花…少许
盐…2小匙（10克）
鸡精…2小匙（10克）

START >>

1

2

3

4

5

虾皮云吞面

做法

1 虾去皮，剔除肠线，洗净，留2～3只整虾，将其余虾仁与猪肉一起切成小碎丁，然后加入盐、1小匙鸡精、香油、料酒、姜末拌匀，做成馅料。

2 取馄饨皮，将馅料包入其中成云吞。

3 锅中倒入适量清水烧沸，将云吞和挂面一同放入锅中煮10分钟左右，至熟捞出。

4 将高汤烧开，放入未切碎的虾仁煮熟，再加入海米、紫菜、剩下的鸡精、胡椒粉调味。

5 将云吞和面条放入调好味的高汤中，将葱花均匀地撒入其中即可。

小贴士

1. 包云吞的方法和馄饨差不多，先将馅料包在中间位置，对角相折，再从左右两边拉回汇集后捏紧即可。
2. 最好选用挂面，味道会更鲜香。

原料

水面…100克
熟花生米…25克
芽菜…10克

调料

香油…1小匙（5毫升）
老抽…1/2小匙（3毫升）
鸡精…少许
葱花、香菜末…各适量

START >>

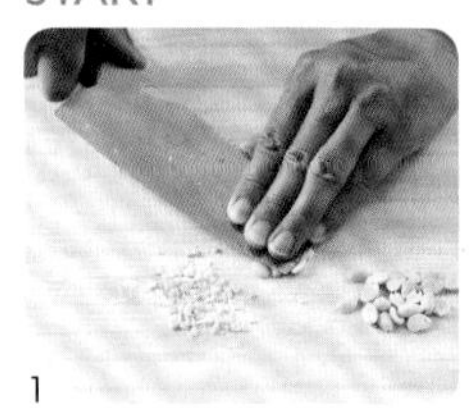
1

2

3

4

宜宾燃面

做法

1 用刀背将花生压碎。

2 将面条在开水锅中煮至八分熟，用漏勺盛出，沥干水分。

3 将面放入碗中，加入香油，用筷子拌散，直到面条每一根都很分散。

4 在面条上放入老抽、芽菜、鸡精、葱花、香菜末、花生碎，搅拌均匀即可。

小贴士

1. 如果没有芽菜，也可用雪菜代替。
2. 燃面选用的面条，水分要少，下锅煮至刚断生即可，并且一定要沥干水分，才能使面条能够点火即燃。

原料

面条…100克
排骨…250克
小青菜…25克
胡萝卜…25克
葱花…5克
姜片…5克
葱段…5克

调料

酱油…1大匙（15毫升）
料酒…1/2大匙（8毫升）
盐…1小匙（5克）
白糖…1小匙（5克）
胡椒粉…1/2小匙（3克）
花椒…1/2小匙（3克）
大料…1个

红烧排骨面

做法

1 排骨剁成合适大小的块，放入开水中焯一下，撇去血沫后捞出；大蒜拍碎。

2 将锅烧热，倒入植物油烧至五成热，用姜片、葱段爆出香味后，放入排骨翻炒，然后加入酱油、料酒、盐、白糖、花椒、大料、适量清水，小火炖40分钟左右。

3 另将面条煮熟，将小青菜洗净，放入沸水中焯熟，胡萝卜洗净切片，连同小青菜一起放在面条上，浇上炖好的排骨和汤，撒上胡椒粉、葱花即可。

START >>

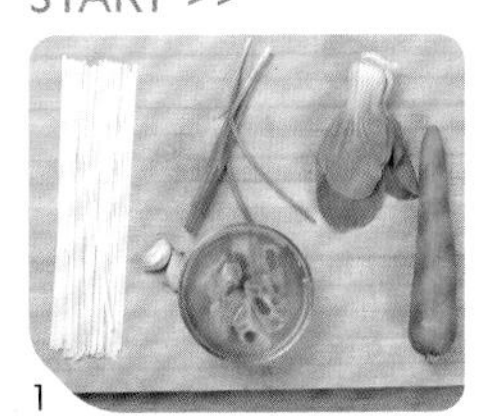

1

2

3

小贴士

最好买小排骨，可请商贩代劳将其剁好，这样可以省去不少工夫。

老北京炸酱面

原料

面粉…100克
带皮五花肉丁…50克
黄瓜…1/4根
豆芽…25克
白萝卜…25克
泡发的黄豆…25克
青豆…25克

调料

干黄酱…1/2袋
甜面酱…1/4袋
植物油…1大匙（15毫升）
淀粉…1/2小匙（3克）
料酒…1/2小匙（3毫升）
酱油…1小匙（5毫升）
葱白…1/2根
姜末、蒜末…各少许

做法

1 锅中油烧热，炒肉丁，待其中的油脂析出，放料酒、酱油，炒匀后将肉丁盛出；葱白切末备用。

2 锅内留刚才的植物油，将黄酱和甜面酱混合，用适量水稀释一下，放入锅中用中火炒一下，待炒出香味，然后倒入肉丁、姜末，转小火，慢熬 10 分钟，期间要不断地轻轻搅拌，最后加入葱白末，炸酱就做成了。

3 将黄瓜、萝卜洗净，切成细丝；豆芽、黄豆、青豆放入沸水中，焯至断生后过凉水。

4 按照前面介绍过的方法制作手擀面，之后烧水将面煮熟，捞出过凉水盛入碗中。

5 码上各种配菜，淋上炸酱，老北京炸酱面就此大功告成。

小贴士

1. 手擀面可以适当地做粗些，这样更好吃，吃起来也比较筋道。
2. 煮面的时候为了避免面条粘连，锅中的水应该多一些，同时放入少许盐也可以防止粘连。

START >>

1

2

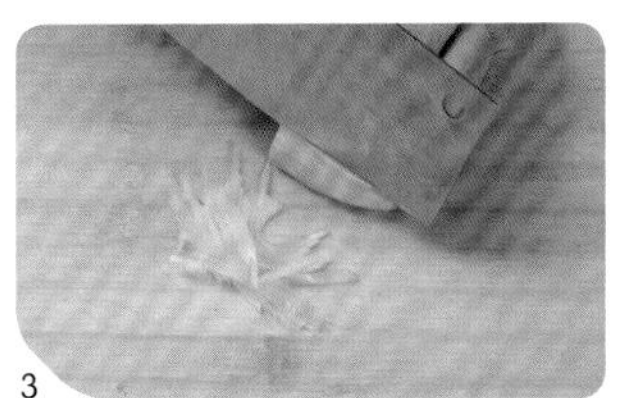
3

4

5

鸡丝凉面

原料

水面…100克
鸡胸肉…50克
绿豆芽…50克
黄瓜…1/2根

调料

植物油…50毫升
蒜泥…少许
料酒…1/2小匙（3毫升）
花椒油…1/2小匙（3毫升）
生抽…1/2小匙（3毫升）
醋…1/4小匙（1毫升）
鸡精、盐…各少许
芝麻酱…1大匙（15克）

做法

1 将鸡肉放入碗内，加入盐、料酒拌匀后，上锅蒸约10分钟至熟，然后按照鸡肉的纹理将其撕成细丝；黄瓜洗净，斜切成细丝。

2 锅内烧开水，放入面条，待其断生后即刻捞起过冷水，沥干水分后，放在案板上淋植物油抖散，使之快速降温同时互不粘连。

3 绿豆芽在沸水中焯至断生，捞出放在面碗底部，准备好其他调料。

4 然后盖上凉面，淋上花椒油、芝麻酱、生抽、醋，撒上鸡精、盐和蒜泥，搅拌均匀即可。

小贴士

1. 为了让煮出来的面条不黏，煮面条时要多水大火。
2. 面条煮好后要立即捞出过凉水，然后淋油用筷子抖开面条，以防粘连。鸡肉最好选用鸡胸肉。

START >>

1-1

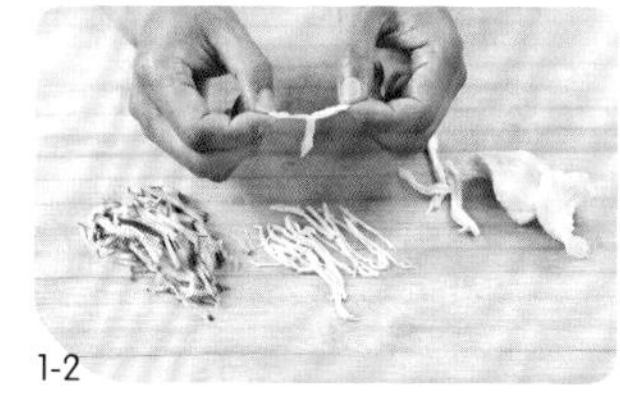
1-2

1-3

2-1

2-2

3

4

韩国冷荞面

原料

荞麦面…100克
韩国酸白菜…50克
牛肉…100克
白萝卜…1/2个
鸡蛋…1/2个
黄瓜…1/2根
苹果…1个
海带丝、梅子肉…各少许

调料

葱…1根
姜…2片
桂皮…1块
大料…5克
芝麻…少许
葱花…少许
冰糖…1大匙（15克）
生抽…1/2大匙（8毫升）
柠檬汁…1/2小匙（3毫升）
胡椒粉…1/2小匙（3克）

做法

1 牛肉和白萝卜洗净，切条；黄瓜、苹果洗净，均片。

2 将葱、姜、桂皮、大料、白萝卜、牛肉放入锅中，加水小火煮 40 分钟。

3 煮好后，去浮油，加胡椒粉，将汤用滤网过滤至没有杂质；向汤中加入冰糖，加热到冰糖融化后，再加入生抽搅匀，然后加入切好的黄瓜片、苹果片和柠檬汁，并将汤汁放凉。

4 烧水煮熟荞麦面，并用凉水浸泡，不断搓洗去除面上的黏液，沥干水分后凉凉。

5 将事先做好的汤淋在冷荞麦面上，放上酸白菜、芝麻、葱花、海带丝、梅子肉即可。

小贴士

冷荞麦面的汤是关键，加入黄瓜、苹果和柠檬汁之后，浸泡 2 天后做成的汤汁味道更佳。

START >>

1

2

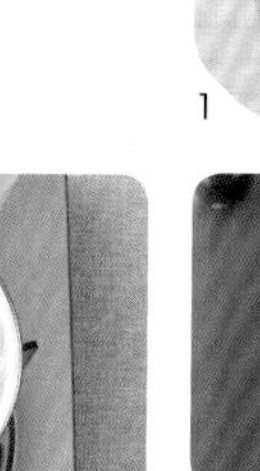
3

4

5

原料

西蓝花…20克
菜花…20克
虾仁…30克
三色贝壳面…80克
黑橄榄片…5片
蒜片…3片

调料

盐…1/4小匙（1克）
胡椒粉…1克
橄榄油…15毫升

START >>

1

2

3

双色虾仁贝壳面

做法

1 将三色贝壳面放入沸水中煮熟，捞出来，用冷水冲凉，再用少许橄榄油拌匀备用。

2 将西蓝花、菜花洗净，切小朵，与虾仁分别放入沸水中汆烫至熟，捞起备用。

3 炒锅烧热，倒入橄榄油烧至五成热，以小火炒香蒜片，加入做法 1 的贝壳面与所有调料，再加黑橄榄片拌匀即可。

原料

挂面…150克
高汤…75毫升
鸡蛋…1个

调料

植物油…2小匙（10毫升）
葱花…35克
盐…少许

上海阳春面

START >>

1

2

3

做法

1 先将鸡蛋打散，热锅中放植物油烧至五成热，将鸡蛋摊成蛋饼，盛出切丝。

2 将面放入沸水锅中煮熟，然后冲凉水，再把面条放到沸高汤中，面浮起之后捞出放入放好盐的碗中。

3 碗中再放入少许高汤，撒上葱花和鸡蛋丝即可。

小贴士

煮面时需要注意，要将面完全搅散，水开后迅速改中火。

原料

拉面…150克
牛腩…200克
白萝卜…1/4根
胡萝卜…1/4根
高汤…适量

调料

香菜末、黑胡椒粒…各适量

清炖牛腩面

START >>

1

2

3

做法

1 白萝卜、胡萝卜分别洗净，切成滚刀块。

2 牛腩洗净，切块，用沸水焯一下，连同白萝卜块、胡萝卜块、高汤一起放入锅中，炖煮约 40 分钟即可。

3 另起一锅，烧开水，将拉面下熟，捞出装碗，加入做法 2 炖好的汤与料，加入适量香菜、黑胡椒粒，以增加香味。

煮面时需要注意，要将面完全搅散，水开后迅速改中火。

原料

原味豆浆…200毫升
高汤…100毫升
拉面…100克
豆芽菜…15克
海带芽…5克
熟玉米粒…20克
叉烧肉片…2片
卤蛋…1/2个

调料

葱花…1小匙（5克）
盐…1/4小匙（1克）
鸡精…1/4小匙（1克）

START >>

1

2

3

4

豆浆拉面

做法

1 取一口锅，将原味豆浆、高汤混合煮沸，再加入盐、鸡精拌匀备用。

2 另取一锅加热，加入约半锅的水煮沸，放入海带芽、豆芽菜汆烫后捞出备用。

3 在做法 2 的锅中放入拉面，煮约 2 分钟至拉面有筋道备用。

4 取一大碗，盛入做法 3 的拉面，再加入做法 2 的海带芽、豆芽菜，然后放入熟玉米粒、叉烧肉片、卤蛋，最后倒入做法 1 的豆浆高汤，撒上葱花即可。

原料

意大利直面…100克
虾仁…100克
鱿鱼圈…100克
西蓝花…3小朵
水…1000毫升

调料

意大利面酱…8大匙（120克）
煮面水…8大匙（120毫升）
盐…1小匙（5克）
橄榄油…1小匙（5毫升）

START >>

1

2

3

4

番茄海鲜意大利面

做法

1 取一锅，加入 1000 毫升水和盐，煮沸后放入意大利直面，搅拌至面条全部浸入水中并软化，续煮 8 分钟。

2 将煮好的面条捞起，沥干水分，盛入盘子中，加 1 小匙的橄榄油拌匀，快速让面条冷却后备用。

3 虾仁切圈形，与鱿鱼圈、西蓝花一起放入沸水中烫熟备用。

4 另取一锅，加入意大利面酱、煮面水煮沸后，放入做法 2 的意大利面，以小火煮至汤汁略收干，起锅前加入做法 3 的食材略煮一下，盛盘即可。

原料

意大利直面…100克
牛肉丝…100克
洋葱…50克
绿豆芽…30克
韭黄…30克

调料

植物油…30毫升
蚝油…1小匙（5毫升）
生抽…1小匙（5毫升）
白糖…1/2小匙（3克）
老抽…1/4小匙（1毫升）

START >>

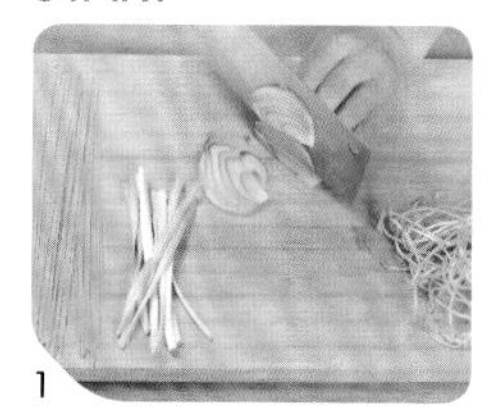
1

2

3

干炒牛肉意粉

做法

1 洋葱洗净，去皮，切丝；韭黄洗净，切段；绿豆芽洗净；将意大利直面放入沸水中，加入少许盐煮约 12 分钟，捞出沥干水分，拌入少许植物油，摊开放凉。

2 将锅烧热，倒入植物油烧至五成热，放入牛肉、洋葱大火略炒，至有香味散出时加入做法 1 中的意大利面。

3 将面炒约 2 分钟后，加入豆芽、蚝油、生抽、白糖、老抽，再炒约 1 分钟，最后加入韭黄拌匀即可。

培根酸菜酱面

原料

熟面疙瘩…150克
培根…60克
酸菜…60克
蒜末…3克

调料

植物油…2小匙（10毫升）
酱油…1小匙（5毫升）
豆瓣…1/2小匙（3克）
白糖…1/4小匙（1克）
料酒…1/2小匙（2毫升）
胡椒粉…少许
香油…少许
高汤…适量

做法

1 培根切小丁；酸菜洗净，切小丁，泡入水中约5分钟备用。

2 将锅烧热，倒入1大匙植物油烧至五成热，放入蒜末爆香，加入做法1的培根丁炒香。

3 放入做法1的酸菜丁略炒一下，再加入酱油、豆瓣、白糖、料酒、胡椒粉、香油，拌炒均匀后，加入高汤炒至入味。

4 另取一锅，倒入适量的水煮至滚沸，将面疙瘩放入沸水中煮熟后，捞起再放入做法3锅中，略拌炒，盛盘即可。

START >>

原料

面条…100克
圆白菜…25克
青椒…1/3个
青葱…1根
蒜瓣…3瓣
豆芽…30克

调料

沙茶酱…2大匙（30克）
热开水…100毫升
盐…少许
白胡椒粉…少许

START >>

1

2

3

4

5

鲜蔬干拌面

做法

1 取一锅，加水烧开，面条放入滚沸的水中氽熟，捞起沥干备用。

2 圆白菜、青椒洗净，切成丝；青葱洗净，切段；大蒜洗净，切片；豆芽洗净备用。

3 将做法 2 的全部原料放入滚沸的水中焯一下，捞起沥干备用。

4 取一大碗，放入所有调料，搅拌均匀备用。

5 将做法 1 的面条、做法 3 的所有原料，放入做法 4 的碗中，搅拌均匀即可。

原料

细冷面…150克
猪肉片…50克
韩式泡菜…50克
青葱…30克
杏鲍菇…20克

调料

鸡精…1小匙（5克）
白糖…1小匙（5克）
水…400毫升
植物油…适量

START >>

1

2

3

泡菜炒面

做法

1 青葱洗净，切段；杏鲍菇洗净，切片；韩式泡菜切小片备用。
2 将锅烧热，加入少许植物油烧至五成热，放入猪肉片和青葱段、杏鲍菇片炒香。
3 然后加入韩式泡菜、煮熟的细冷面和鸡精、白糖、水，焖煮至面熟即可。

原料

面条…120克
羊肉片…150克
青葱…1根
洋葱…1/2个
大蒜…2瓣
青椒…1/3个
胡萝卜…15克
姜…8克
竹笋…1根

调料

植物油…1大匙（15毫升）
沙茶酱…1大匙（15克）
酱油…1大匙（15毫升）
香油…1小匙（5毫升）
盐…少许
白胡椒粉…少许
水…250毫升

START >>

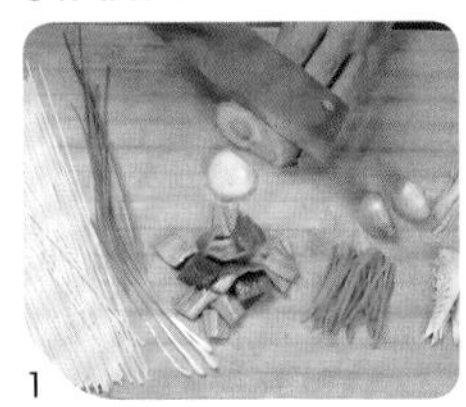
1

2

3

4

沙茶羊肉面

做法

1 将青葱洗净，切段；洋葱、胡萝卜、竹笋、姜分别洗净，切丝；大蒜、青椒洗净，切片备用。

2 取一个炒锅，先加入 1 大匙植物油烧至五成热，再加入羊肉片，大火爆香。

3 加入做法 1 的所有原料翻炒均匀，再加入其余的调料，一起拌炒均匀；将面条放入沸水锅中煮熟。

4 取碗放入面条，再将做法 3 的原料放在面上即可。

原料

意大利面…80克
干香菇…6朵
姜片…2片
葱段…1根

调料

植物油…1小匙（5毫升）
水…5大匙（75毫升）
料酒…1/2小匙（3毫升）
蚝油…1.5大匙（23毫升）
白糖…1/4小匙（1克）
葱花…少许

START >>

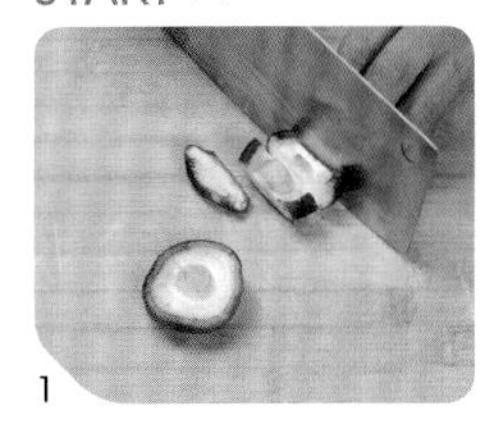
1

2

3

蚝油菇丁拌面

做法

1 香菇泡水至软，洗净后切丁备用。

2 热锅倒入植物油烧至五成热，放入姜片、葱段和香菇丁，小火炒约 5 分钟，再加入水及料酒、蚝油、白糖，拌匀煮约 3 分钟，最后捞出姜片和葱段，熄火备用。

3 汤锅中倒入适量水煮沸，放入意大利面搅散，以中小火煮约 8 分钟至熟透，捞出沥干水分，放入大碗中，加入适量做法 2 的调料，趁热拌匀，撒上少许葱花即可。

原料

面条…150克
虾仁…80克
鱼肉…80克
干贝…1颗
胡萝卜…20克
鲜鱼汤…600毫升
青菜…30克

调料

盐…1小匙

START >>

1

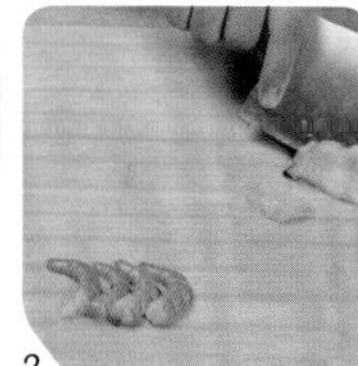
2

3

4

5

三鲜煨面

做法

1 干贝用温水泡发后抓碎成丝；胡萝卜与青菜分别洗净，沥干水分，胡萝卜切小片备用。

2 虾仁洗净，沥干水分；鱼肉洗净，沥干水分，切片；再将虾仁及鱼片放入沸水锅中汆烫，捞起泡入冷开水中过凉备用。

3 取一锅，将鱼汤放入锅中，待煮沸后，放入胡萝卜片、干贝丝及鱼片、虾仁与盐，拌匀。

4 另取一锅，待水煮沸后，将面条放入锅中汆烫 1 分钟，捞起沥干备用。

5 在做法 3 的锅中，放入煮熟的面条，以小火煮约 4 分钟后，再加入青菜，煮沸即可。

原料

牛肉末…80克
洋葱末…30克
斜管面…100克
起司丝…30克

调料

蒜香黑胡椒酱…2大匙（30克）

START >>

1

2

匈牙利牛肉焗面

做法

1 取平底锅，放入牛肉末、洋葱末炒香后，加入煮熟后的斜管面、蒜香黑胡椒酱拌匀后，盛入大盘子中，撒上起司丝。

2 放入预热烤箱中，以上火 200℃、下火 150℃烤约 3 分钟，至表面呈金黄色即可。

第三章

就爱吃馅 吃情十味

在繁忙的生活之余，给自己一点时间，静下心来揉一团面，调一份只属于自己的馅料，将那些琐碎的生活给予的酸、甜、苦、辣、咸都揉进这小小一份家常馅料美食里，万般滋味，皆是生活的馈赠。

水晶虾饺

原料

低筋面粉…120克
淀粉…50克
鲜虾…400克
猪肥肉…50克
藕…10克

调料

水…170毫升
植物油…1/4小匙（1毫升）
盐…1小匙（5克）
白糖…1/3小匙（2克）
胡椒粉…1/4小匙（1克）
鱼露…1/4小匙（1毫升）
鸡精…1/4小匙（1克）
香油…1/2小匙（3毫升）

做法

1 鲜虾取虾仁，加小苏打抓匀，再用水洗净，控干，一半切碎后剁成泥，另外一半切大块。

2 肥肉和藕都切成碎末，加入到虾肉中。

3 加入盐、白糖、胡椒粉、鸡精、鱼露和香油搅拌均匀，做成馅。

4 将粽子叶或荷叶泡软，垫入蒸笼。

5 低筋面粉和淀粉混匀，加 170 毫升水、1/4 小匙盐和植物油，和成面团，搓长条，再揪成小剂子。

6 将小剂子擀成薄片，中间放入馅料，再放一个大块的虾肉，将边缘捏紧成饺子形状。

7 包好的饺子放入蒸笼，上锅蒸 10 分钟左右即可。

小贴士

洗虾仁时加点小苏打可以去除虾仁表面的黏液，也有去腥解腻的作用，处理后的虾仁更透亮也更有弹性。

START >>

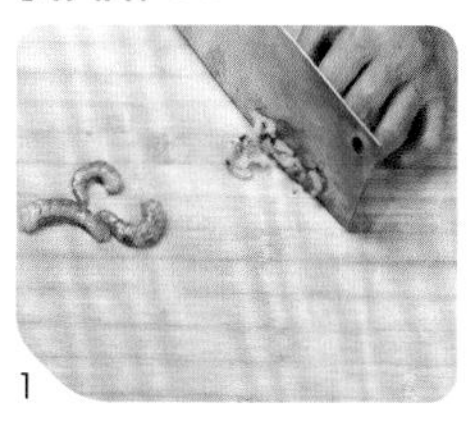
1

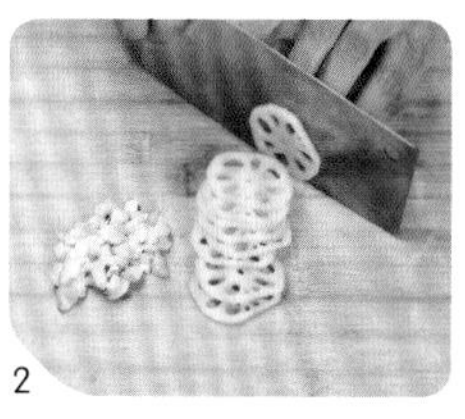
2

3

4

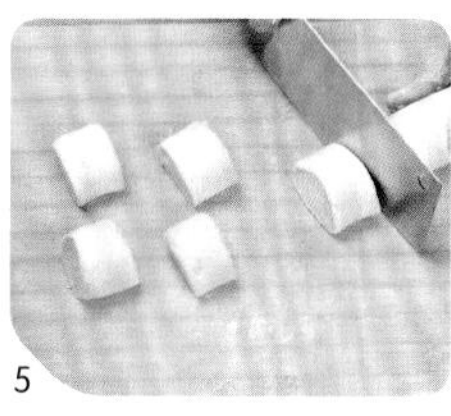
5

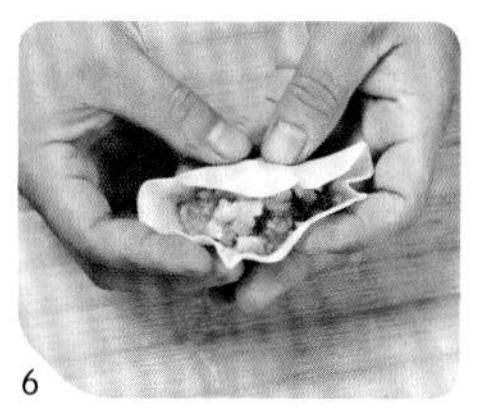
6

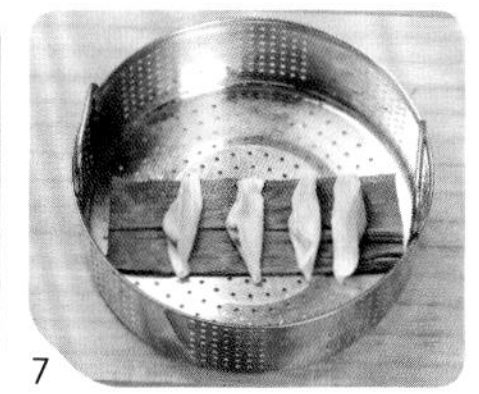
7

原料

面粉…200克
韭菜…300克
鸡蛋…2个
虾皮…20克
红薯泥、青菜末…各适量

调料

植物油…适量
盐…1小匙（5克）
鸡精…1小匙（5克）

START >>

1

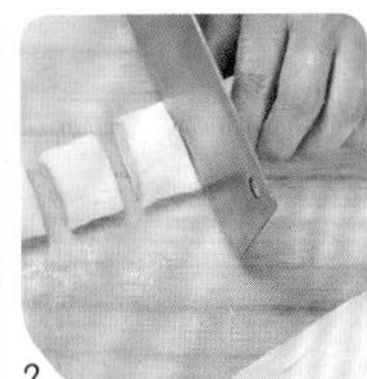
2

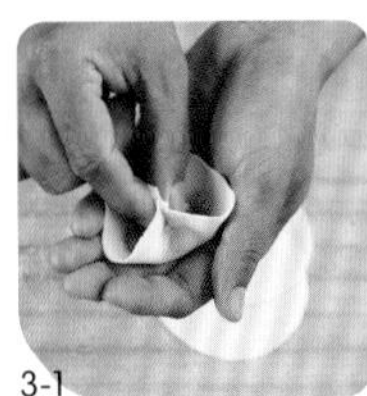
3-1

3-2

3-3

鸳鸯饺

做法

1 韭菜洗净，切碎，加入鸡蛋、虾皮、植物油、盐、鸡精拌匀，调制成馅料。

2 面粉加沸水制成烫面团，稍饧一下，揉匀后搓成条，切成剂子。

3 擀成饺子皮，包入馅料，捏成鸳鸯形饺子生坯，在两边洞内分别放入红薯泥、青菜末，上笼蒸 8 分钟即可。

原料

鲜肉馅…200克
干贝…3粒
水芹菜末…120克
菠菜饺子皮…15张

调料

盐…2小匙（10克）
白糖…2小匙（10克）
香油…2小匙（10毫升）
鸡精…适量
酱油…适量

START >>

1

2

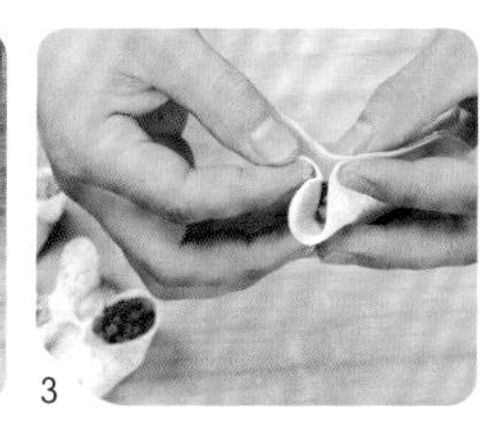
3

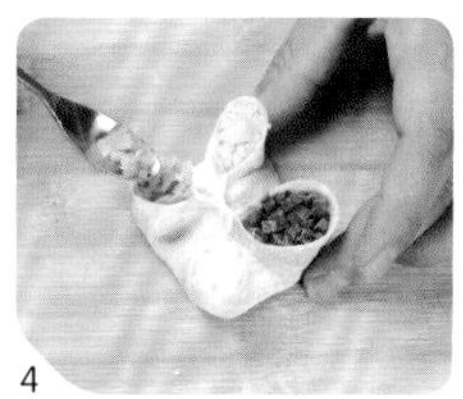
4

四色蒸饺

做法

1 将面粉加入少许水和成面团，饧发一会儿，用手搓成长条，揪成小剂子，再用擀面杖擀成饺子皮。

2 扁豆用沸水焯熟，切成末；紫菜切成末；将熟蛋黄和熟蛋白分别剁碎（图 1）。

3 将虾肉洗净，剁成蓉，加入盐、鸡精、香油、酱油搅拌均匀（图 2）。

4 将拌好的虾肉馅放在饺子皮上，将面皮的对边向上捏在一起，旁边不要捏实，留 4 个洞口（图 3）。

5 将蛋白末、蛋黄末、紫菜头末、扁豆末分别填在 4 个洞口内，上笼蒸 8 分钟即可（图 4）。

原料

饺子粉…200克
虾仁…200克
猪瘦肉…50克

调料

葱花…1小匙（5克）
姜末…1/2小匙（3克）
酱油…少许
盐…1小匙（5克）
鸡精…适量

START >>

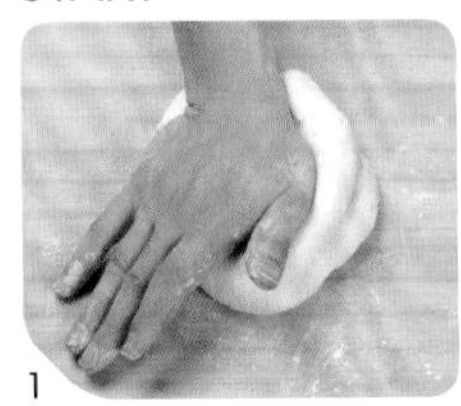
1

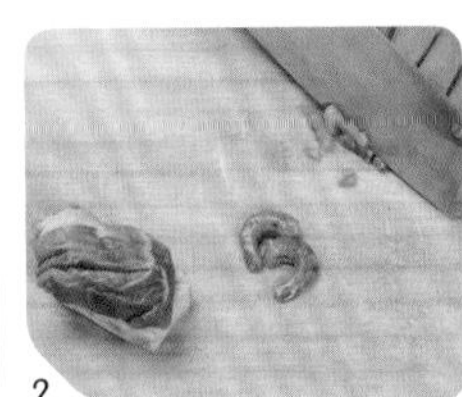
2

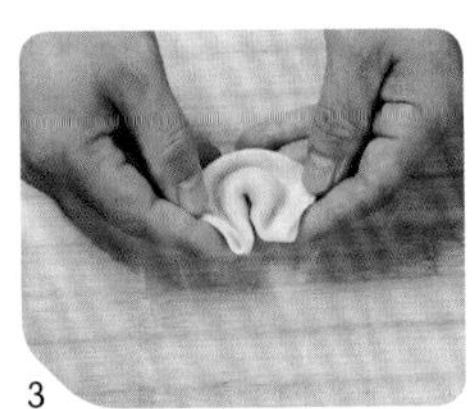
3

4

鲜虾元宝饺

做法

1 将饺子粉加入清水揉成面团，稍饧一会儿。

2 将虾仁和猪瘦肉分别洗净，剁成蓉，加入盐、鸡精、酱油、葱花、姜末，搅拌入味。

3 将饧好的面揉成长条，揪成小剂子，擀成中间厚边缘薄的圆皮，将拌好的馅料包入饺子皮内，包成元宝形的饺子生坯。

4 锅置火上，放入清水煮沸，下入饺子煮熟即可。

原料

鲜肉馅…200克
干贝…3粒
水芹菜末…120克
菠菜饺子皮…15张

调料

盐…2小匙（10克）
白糖…2小匙（10克）
白胡椒粉…2小匙（10克）
香油…2小匙（10毫升）

START >>

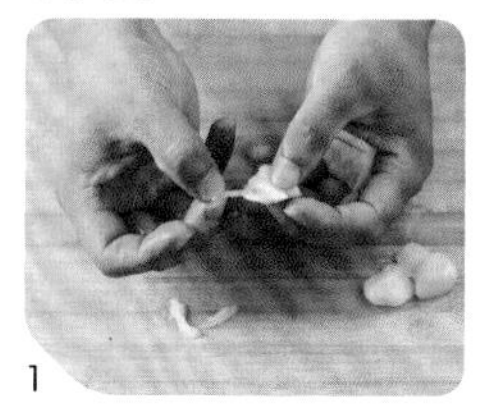
1

2

3

4

翡翠干贝蒸饺

做法

1 将干贝用水浸泡隔夜后捞起沥干，将取出干贝，用手拔成细丝。

2 将鲜肉馅、干贝丝、水芹菜末与所有调料一起放入容器中搅拌均匀，至有黏稠感时即做好馅料。

3 准备一个已抹上植物油的平盘，取适量馅料包入已制作好的菠菜饺子皮中，依序排入平盘中，饺子与饺子之间要留有空隙，并在饺子表面略微喷水备用。

4 准备一个蒸锅，等水煮沸后，将做法2的平盘放入，加盖用大火蒸12～15分钟即可起锅食用。

韭菜盒子

原料

面粉…100克
韭菜…300克
鸡蛋…2个
虾皮…50克

调料

植物油…1大匙（15毫升）
香油…1小匙（5毫升）
鸡精…1/2小匙（3克）
盐…1/2小匙（3克）

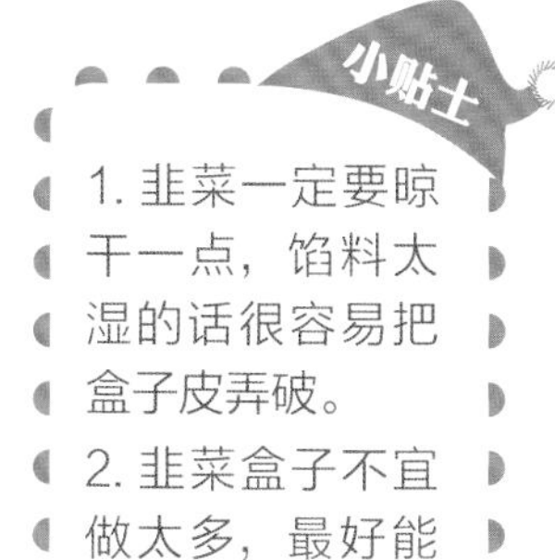

1. 韭菜一定要晾干一点，馅料太湿的话很容易把盒子皮弄破。
2. 韭菜盒子不宜做太多，最好能现做现吃，放久了会影响口感。

做法

1 鸡蛋加适量盐，打散；虾皮洗净备用。

2 锅中放植物油烧至四成热，下蛋液炒熟，出锅后切碎。

3 韭菜择洗干净，沥干水分，切成碎末。

4 在容器中将韭菜、虾皮和炒好的鸡蛋碎混合，加入盐、香油、鸡精调味，搅拌均匀成馅备用。

5 另取容器，放入面粉，往中心部分加适量清水，揉成光滑的面团，饧20分钟左右。

6 面团饧完后，搓成条，然后切成大小均匀的小剂子（也可以直接用手揪成小剂子），先将小剂子逐个按平，然后将其一一擀成面皮。

7 取适量韭菜馅放入面皮中，以占面皮大小一半左右为宜，将面皮对折，用手捏紧封边。将锅加热，锅底放少量植物油，摇匀，把包好的韭菜盒子依次放入锅里，小火慢煎，煎4分钟左右至底部金黄，翻面再煎2分钟即可。

START >>

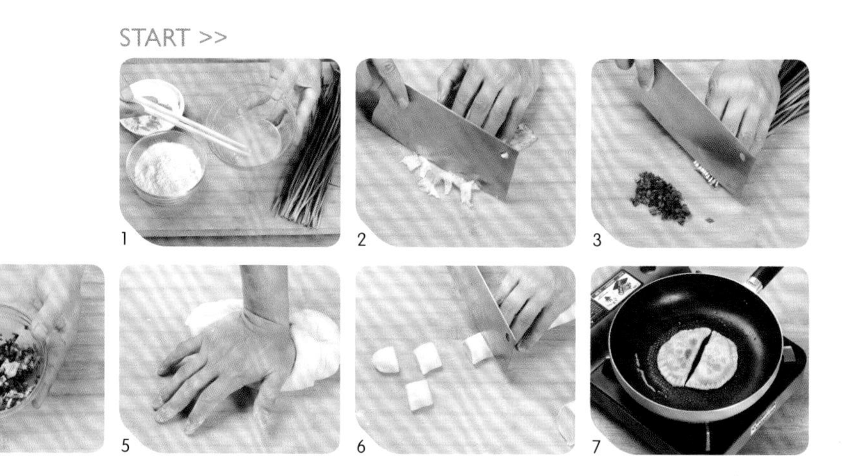

虾仁韭菜盒子

原料

面皮…12个
植物油…2大匙（30毫升）
冬粉…2把
虾仁…280克
韭菜…180克

调料

盐…1/2小匙（3克）
鸡精…1/2小匙（3克）
白糖…1/4小匙（1克）
胡椒粉…1/4小匙（1克）
香油…4小匙（20毫升）

腌料

盐…1/2小匙（3克）
蛋清…1大匙（15克）
胡椒粉…1/4小匙（1克）
香油…1/4小匙（1毫升）
淀粉…1大匙（15克）

做法

1 虾仁洗净，再加入腌料拌匀。

2 冬粉泡软，切段；韭菜洗净，切碎。

3 锅烧热，加1大匙植物油，再放入做法1的虾仁，用大火炒2分钟盛出装盘，待凉放入冰箱冷藏。

4 将韭菜末加入香油拌匀，再加入冬粉和其余调料，再拌入做法3的炒虾仁混合成馅料。

5 在韭菜盒子面皮上依次放上做法4的馅料，并用手整形压紧边缘。

6 锅烧热，加入1大匙植物油，放入做法5包好的虾仁韭菜盒子，转小火将盒子双面平均烙过，最后盖上锅盖焖约2分钟即可。

START >>

1 4

2

3

5

6

鲜虾馄饨

原料

馄饨皮…200克
猪肉馅…150克
虾仁…100克
菠菜…100克
鸡蛋…1个

调料

水…2大匙（30毫升）
花椒水…1大匙（15毫升）
姜末…1/2小匙（3克）
料酒…2小匙（10毫升）
生抽…1小匙（5毫升）
老抽…1/2小匙（3毫升）
胡椒粉…少许
蚝油…2小匙（10毫升）
盐…适量
葱末…1小匙（5克）
香油…1小匙（5毫升）

碗汁

紫菜…少许
虾皮…少许
盐…2克
香油…1小匙（5毫升）
生抽…2毫升
醋…2毫升
植物油…适量

做法

1 菠菜洗干净；虾仁去除虾线，洗净。

2 肉馅中分次加花椒水，再加葱末、香油、姜末、料酒、生抽、老抽、胡椒粉、蚝油、盐、水搅匀。

3 虾仁切大块，加入剩下的一点盐和料酒腌 5 分钟；鸡蛋摊成蛋饼，切丝备用。

4 馄饨皮中包入馅料，加入虾仁块，包成馄饨。

5 锅中倒入水，大火加热至水沸，下入菠菜焯烫 20 秒，捞出后用凉水冲洗干净。

6 锅中放入新的水，煮沸后下入包好的馄饨，锅再次煮沸后改小火再煮 2 分钟左右，下入菠菜和鸡蛋丝，关火。

7 在碗里倒入所有碗汁的调料，将煮好的馄饨倒入碗里即可食用。

小贴士

菠菜要焯烫，并且再次用凉水清洗干净，否则会有草酸留存的土腥味。

原料

馄饨皮…100克
猪肉馅…100克

调料

盐…2小匙（10克）
鸡精…2小匙（10克）
料酒…1大匙（15毫升）
高汤…适量

鲜肉馄饨

做法

1 猪肉馅中加入料酒、1 小匙盐和鸡精，用力朝一个方向搅拌均匀，边搅拌边加入适量清水，放入冰箱冷藏 2 小时左右。

2 取一张馄饨皮放在左手掌心，右手取少许肉馅于皮上，大拇指先向下，使皮的一角包住馅，后将四指捏合馄饨皮。

3 锅中烧开高汤，放入馄饨，煮至馄饨浮起，再加入 1 小匙鸡精和盐调味即可。

START >>

1

2

3

小贴士

1. 如果家中没有高汤，可以直接用清水煮。
2. 小馄饨浮起后可用勺子舀起，见皮透明，肉馅呈淡粉色即可。

原料

中筋面粉…200克
蛤蜊…200克
猪瘦肉末…50克

调料

鸡蛋清…1大匙（15克）
盐…1小匙（5克）
鸡精…1/2小匙（3克）
葱花…1小匙（5克）
香油…1小匙（5毫升）
胡椒粉…1小匙（5克）
清汤…适量

START >>

1

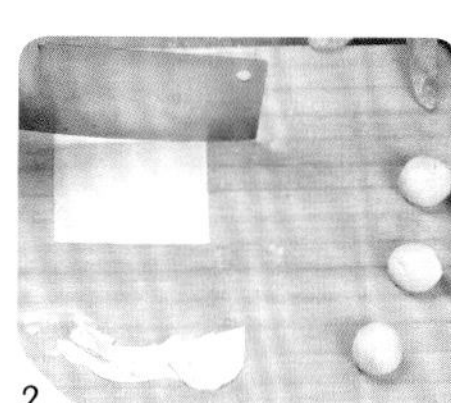
2

3

4

蛤蜊馄饨

做法

1 猪瘦肉末加盐、鸡精、清汤搅匀；蛤蜊焯烫，取出肉，洗净，剁碎，与猪肉末、香油、胡椒粉拌匀成蛤蜊肉馅。

2 面粉放入盆中，加少许清水、鸡蛋清拌匀后，一同揉成面团，反复揉匀揉透，静置 20 分钟，擀成薄片，切成馄饨皮，包入蛤蜊馅，捏成元宝状馄饨生坯。

3 清汤倒入锅中煮沸，加盐、鸡精，调好味盛入碗中。

4 另将馄饨生坯投入沸水锅中煮至浮起，捞入盛有清汤的碗中，撒上葱花即可。

原料

饺子皮…适量
猪肉馅…200克
鸡蛋…1个
韭菜末…80克

调料

葱花…1小匙（5克）
姜末…适量
酱油…适量
盐…1小匙（5克）
鸡精…1小匙（5克）
五香粉…少许
植物油…适量

START >>

1

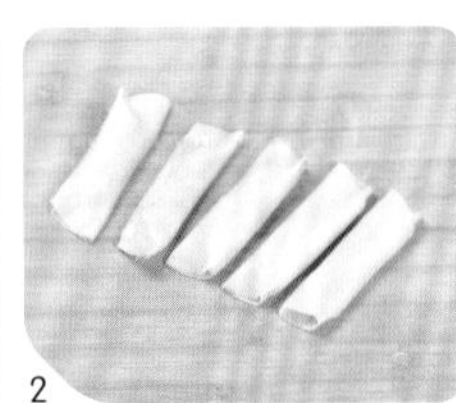

2

3

4

锅贴

做法

1 猪肉馅中打入一个鸡蛋，加入少许水搅拌均匀，顺着一个方向用力搅拌，直到肉馅上劲，然后放入葱花、姜末、酱油、盐、五香粉搅拌均匀，再加韭菜末搅拌均匀制成馅料。

2 在饺子皮上放适量馅料，中间捏合，两端不必封口。

3 锅烧热，放植物油烧至五成热，将锅贴放入码好，小火煎 3 分钟。

4 然后浇入适量水，听到哧啦的响声时盖上锅盖，焖 5 ～ 8 分钟。打开锅盖，放出蒸汽，翻面观察颜色看是否熟透，待水汽蒸发完毕，盛出即可。

原料

面粉…200克
鸡肉…100克
胡萝卜…100克
香菇…50克

调料

盐…1小匙（5克）
白糖…1小匙（5克）
鸡精…1小匙（5克）

三丁烧卖

做法

1 用60℃以上热水将面粉和成面团，静置20分钟备用。

2 将鸡肉洗净，切成小丁；胡萝卜、香菇也洗净，切成小丁备用（图1）。

3 将鸡丁、胡萝卜丁、香菇丁加少许盐、白糖、鸡精搅拌拌匀，制成馅（图2）。

4 将面团搓成粗长条，然后切成50克1个的剂子，按扁后擀平，包入馅料，不要封口，将其捏成酒杯形状，上锅大火蒸25分钟即可（图3）。

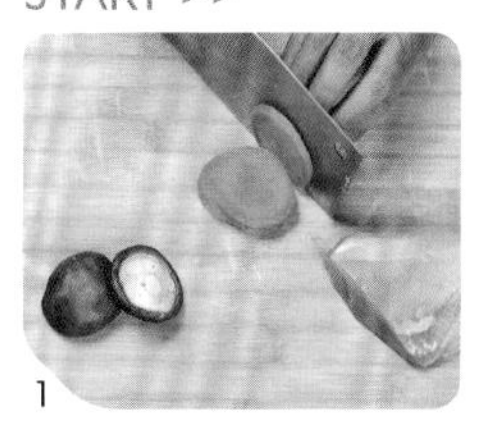
1

2

3

小贴士

为了避免烧卖黏在屉上，可以先垫上青菜叶子，这样不仅好看，而且蒸出来口感更加清香。

上海生煎包

原料

面粉…150克
酵母…3克
猪五花肉…120克
猪皮冻…50克

调料

酱油…1大匙（15毫升）
料酒…1大匙（15毫升）
白糖…1小匙（5克）
鸡精…1/2小匙（3克）
芝麻…少许
姜…少许
香葱…10克
小苏打…1/4小匙（1克）
香油…1小匙（5毫升）
植物油…120毫升

做法

1 将姜、香葱、猪皮冻分别切末。

2 五花肉洗净，剁成蓉，加酱油、鸡精、白糖、料酒、姜末、葱末搅拌，再放入猪皮冻末、香油制成馅料。

3 干酵母用温水化开后倒入面粉中，加适量温水，将面揉成光滑的面团，饧 1.5 个小时，然后将发好的面做成比饺子剂略大的剂子。

4 将剂子擀成圆面皮，包入馅料成包子生坯。将包好的生坯放置温暖处再次发酵 20 分钟左右。

5 锅中油烧热，放入包子生坯，中间预留空隙。煎至包子底呈金黄色时倒入清水，水位到包子高度的 1/3 为宜，加盖用小火煎至水干，最后撒香葱和芝麻即可。

小贴士

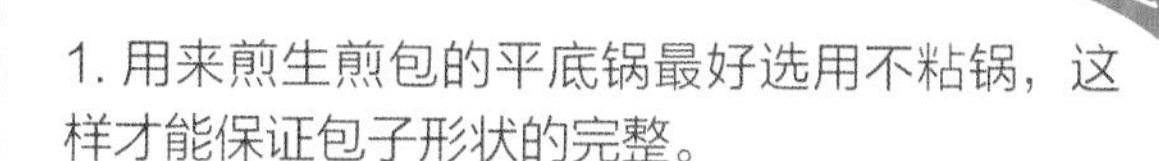

1. 用来煎生煎包的平底锅最好选用不粘锅，这样才能保证包子形状的完整。
2. 煎得时间不宜过长，以免包子变焦。

START >>

1

2

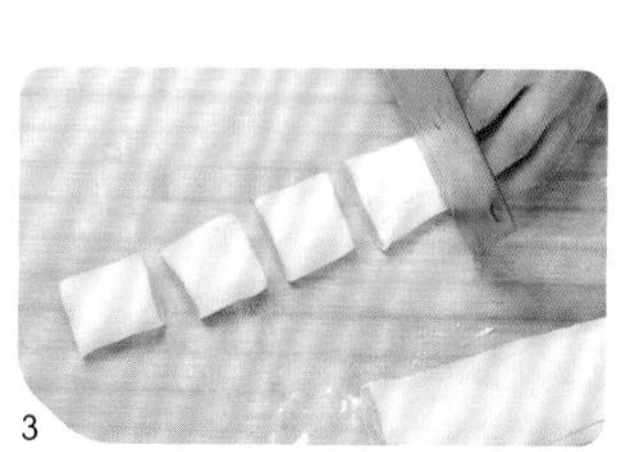
3

4

5

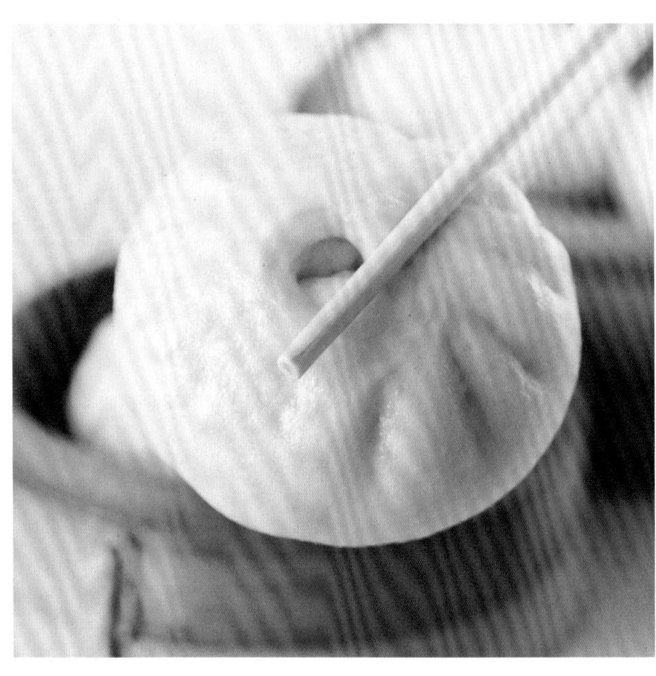

原料

面粉…1000克
鸡肉…80克
水发海参…100克
虾仁…100克
猪五花肉…300克
冬笋…300克

调料

葱花…1小匙（5克）
姜末…1小匙（5克）
植物油…适量
酱油…1小匙（5毫升）
香油…1小匙（5毫升）
盐…1小匙（5克）
鸡精…1小匙（5克）
发酵粉…适量
食用碱…适量

START >>

1

2

3

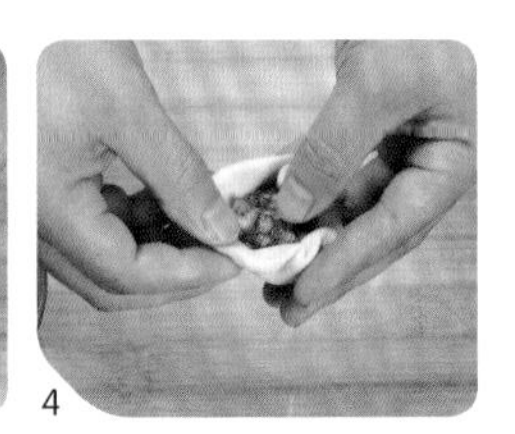
4

三鲜包子

做法

1 发酵粉用温水化开，加面粉和成面团，静置发酵；准备好其他材料。

2 猪肉洗净，剁成蓉；冬笋去皮，洗净，切末；鸡肉、海参、虾仁分别洗净，切丁。

3 将切好的食材放在一起，加葱花、姜末、植物油、酱油、香油、盐、鸡精搅拌成馅。

4 面团发起后，加食用碱揉匀，搓条下剂，擀成圆皮，抹馅捏成包子，上屉用大火蒸约15分钟即可。

原料

面粉…500克
猪肉…250克
青菜…250克

调料

酱油…1小匙（5毫升）
香油…少许
植物油…适量
清汤…适量
葱花…1小匙（5克）
姜末…1小匙（5克）
盐…1小匙（5克）
鸡精…1/2小匙（3克）
食用碱、发酵粉…各适量

START >>

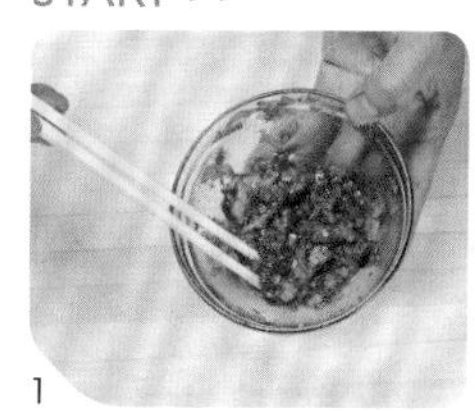
1

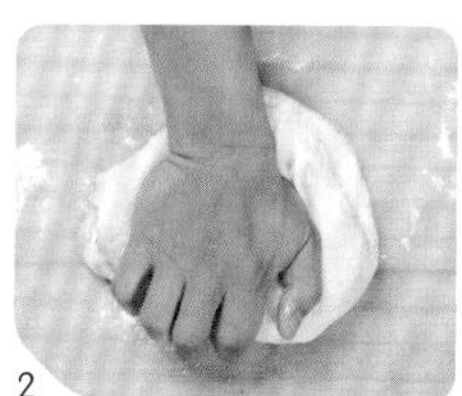
2

3

4

水煎包

做法

1 猪肉洗净，剁成末，加酱油、姜末和清汤，搅成稠糊状；青菜洗净，剁碎，挤干水分，加入肉末中，再加香油、葱花、盐、鸡精，搅拌成馅。

2 将发酵粉用温水化开，加面粉和成面团，静置发酵后，加食用碱揉匀。

3 将面团搓成长条，按每 20 克 1 个揪成剂，按扁，擀成中间稍厚的圆皮；将馅抹入皮子中心，捏成提褶包子。

4 将平底锅烧热，刷适量植物油，将包子摆入，浇入适量水，盖上锅盖，待水干后，再浇少许水，盖上锅盖，煎时注意掌握火候，见包子底部出现一层薄锅巴时，即淋入少许香油出锅即可。

原料

面粉…500克
猪肉…250克
鸡脯肉…150克
大白菜…200克

调料

葱花…1小匙（5克）
姜末…1/2小匙（3克）
盐…1小匙（5克）
鸡精…1/2小匙（3克）
香油…1小匙（5毫升）
清汤…适量

鸡肉汤饺

做法

1 猪肉、鸡脯肉分别洗净，剁成末，加盐、鸡精、清汤搅匀；大白菜洗净，用沸水焯软，挤干水分，切碎，与猪肉末、鸡肉末、葱花、姜末、香油拌匀制成肉馅。

2 面粉加凉水和成面团，饧透，切成小剂子，擀成饺子皮，包入肉馅，捏成饺子生坯。

3 锅置火上，倒水煮沸，饺子放入沸水锅中煮至浮起，分两次点入少许凉水，煮熟捞出即可。

START >>

1

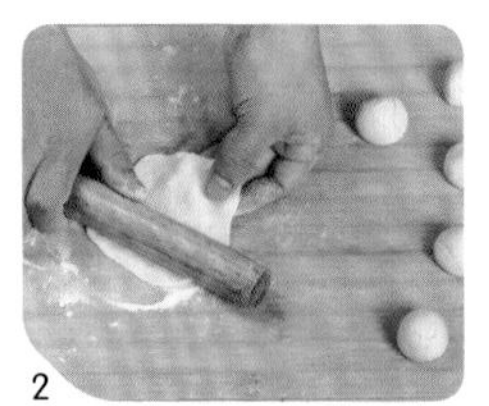
2

3

原料

面粉…500克
牛肉…300克
猪肉丁…100克
鸡蛋…2个

调料

葱末…1小匙（5克）
姜末…1/2小匙（3克）
料酒…1小匙（5毫升）
盐…1小匙（5克）
鸡精…1/2小匙（5克）
酱油…1小匙（5毫升）
白糖…1小匙（5克）
植物油…适量
香油…1小匙（5毫升）
蒜泥…适量

START >>

1

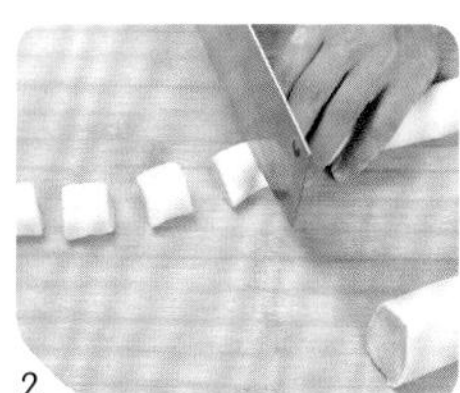
2

3

4

牛肉水饺

做法

1 鸡蛋打散成蛋液；牛肉洗净，剁成末，加猪肉丁、白糖、酱油、料酒、鸡蛋液、盐、鸡精，顺一个方向搅成糊状，加植物油、香油、葱末、姜末顺搅均匀，制成馅料。

2 面粉加凉水和成面团，搓成条，切成小剂，擀成饺子皮。

3 取饺子皮包入馅料，做成水饺生坯。

4 锅内加清水烧沸，下入水饺生坯煮熟，用漏勺捞出装盘，蘸蒜泥食用即可。

原料

春卷皮…适量
猪肉…100克
虾仁…100克
笋丝…100克
冬菇丁…100克

调料

淀粉…2小匙（10克）
盐…1小匙（5克）
鸡精…少许
植物油…适量

START >>

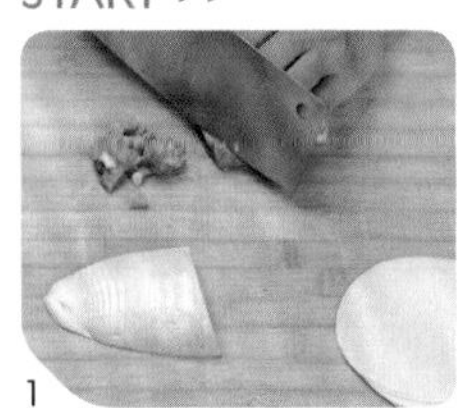
1

2

3

4

炸春卷

做法

1 锅中烧开水，放入笋丝煮熟，捞出晾凉后切丁备用；猪肉洗净，切成小丁；淀粉中放入适量水制成淀粉糊。

2 虾仁洗净，放入猪肉丁、淀粉，搅拌均匀至上劲，再加入盐、鸡精搅拌均匀制成馅料。

3 春卷皮中卷入馅料，包好并用淀粉糊封口。

4 锅中倒植物油烧热，放入春卷炸至金黄色即可。

小贴士

春卷的馅料可以根据个人喜好，加入豆芽菜、韭菜等。

原料

面粉…500克
菠菜…500克
猪肉…200克
虾仁…50克
水发香菇…50克

调料

盐…1小匙（5克）
鸡精…1小匙（5克）
香油…1小匙（5毫升）
清汤…适量

START >>

1

2

3

4-1

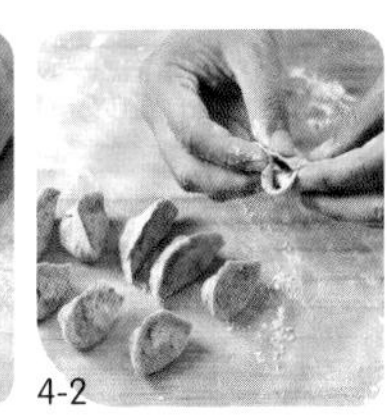
4-2

菠菜水饺

5

做法

1 猪肉洗净，剁成末，加入盐、鸡精、适量清汤搅匀。

2 菠菜洗净，取 400 克菠菜切碎；虾仁、水发香菇洗净，均切成小丁，与菠菜末、肉末、香油拌匀成菠菜馅。

3 剩余菠菜放入榨汁机中榨成菜汁。

4 面粉放在盆中，开一个窝，倒入菠菜汁、适量清水，反复揉匀揉透，制成菠菜面团，静置 15 分钟，切成小剂子，擀薄制成饺子皮，包入菠菜馅，捏成饺子生坯。

5 将饺子生坯放入沸水锅中煮至浮熟捞出即可。

原料

面粉…500克
羊肉…350克
黄酱…50克
葱…100克

调料

盐、胡椒粉、花椒水、姜、香油、植物油…各适量

START >>

1

2

3

羊肉饼

做法

1 将羊肉洗净，剁成碎末；葱、姜分别洗净，切碎，加在一起拌匀，再加入羊肉末、黄酱、盐、胡椒粉、花椒水、香油搅匀成馅。

2 将面粉用温水和好，揉至光滑，搓成长条，揪成每 25 克 1 个的小剂子，擀成圆形薄片，铺上羊肉馅，卷起，将两端捏严，竖立按扁，擀成圆饼坯。

3 待平底锅烧热后刷植物油，把饼坯放入锅中烙熟即可。

原料

面粉…600克
猪肉…500克
韭菜…250克

调料

香油…1小匙（5毫升）
植物油…适量
葱花…1小匙（5克）
姜末…1/2小匙（3克）
盐…少许
鸡精…适量

START >>

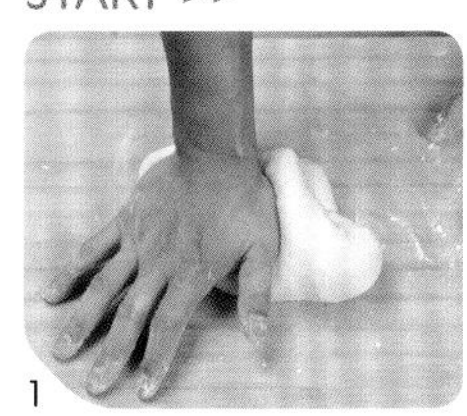
1

2

3

4

馅饼

做法

1 面粉用凉水（加少许盐）和成面团，揉匀稍饧。

2 把猪肉洗净，剁成蓉；韭菜洗净，切碎，加肉蓉、葱花、姜末、盐、鸡精、香油，拌匀制成馅。

3 把面团揉搓成长条，切成25克1个的小剂，将剂按扁，放上肉馅，收严剂口，用手按成圆形小饼。

4 平底锅烧热，淋入植物油，把小饼摆在锅内，用小火将两面反复煎，待饼鼓起时即熟。

原料

玉米面…500克
鸡蛋…4个
韭菜…400克
虾皮…20克

调料

植物油…适量
盐…1/2小匙（3克）
鸡精…1/2小匙（3克）
香油…适量

START >>

1

2

3

4

玉米糊饼

做法

1 碗中磕入 1 个鸡蛋，打散，加温水和玉米面调成面糊。

2 将另外 3 个鸡蛋磕入碗中，打散，加适量盐搅匀，放入无植物油的锅中摊成蛋皮，切碎。

3 韭菜洗净，切碎，加蛋皮末、虾皮、鸡精、盐、香油拌匀制成馅。

4 锅中刷少许植物油，倒入玉米面糊摊成薄饼，上面放一层馅，盖上锅盖，烙熟取出，切成块，装盘即可。

原料

葱油饼…5张
猪肉丝…150克
葱丝…60克

腌料

酱油…1大匙（15毫升）
白糖…1/2小匙（3克）
淀粉…1/2小匙（3克）
水…2大匙（30毫升）

调料

植物油…2大匙（30毫升）
鱼香酱…3大匙（45克）
水…1大匙（15毫升）
水淀粉…1小匙(5毫升)
香油…1小匙(5毫升)

START >>

1

2

3

鱼香肉丝卷饼

做法

1 将猪肉丝加入混合拌匀的腌料中腌约 2 分钟备用。

2 将锅烧热，加入 2 大匙植物油烧至五成热，放入猪肉丝，用中火炒至肉丝变白后，加入鱼香酱和水持续炒匀，用水淀粉勾芡，淋入香油盛起备用。

3 将葱油饼放入净干锅中，用小火煎至两面酥脆后摊平，取适量做法 2 炒好的肉丝和葱丝放入饼中，将饼包卷起即可。

原料

西葫芦…100克
胡萝卜…15克
鸡蛋…2个
面粉…80克
清水…50毫升

调料

香葱…2根
盐…1/2小匙（3克）
鸡精…少许
香油…1小匙（5毫升）
植物油…1大匙（15毫升）

START >>

1

2

3

4

糊塌子

做法

1 西葫芦洗净，用擦丝器擦成细丝，放入容器，加 2 克盐腌 10 分钟至渗出菜汁；将胡萝卜也擦成丝状，葱切末，都放入西葫芦中。

2 加入面粉，根据稀稠再加些清水调整成稠面糊，再加入鸡蛋搅拌均匀，最后加些鸡精和香油，搅拌均匀。

3 将平底锅加热，刷点植物油，油热后舀入 1 勺面糊倒入锅中，晃动锅，让面糊摊得更大更平些，盖上锅盖，加热 1 分钟左右，翻看底面，如果颜色变金黄即可翻面加热另一面，再煎至金黄即可出锅。

4 依次将面糊摊完。

原料

猪肉末…200克
茄子…200克
鸡蛋…3个
淀粉…100克
中筋面粉…50克

调料

盐…1小匙（5克）
鸡精…1/2小匙（3克）
香油…1小匙（5毫升）
胡椒粉…少许
植物油…适量

START >>

1

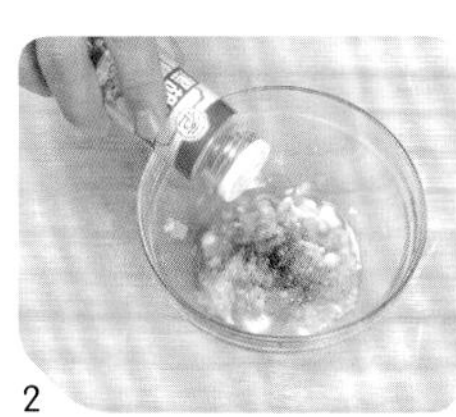

2

3

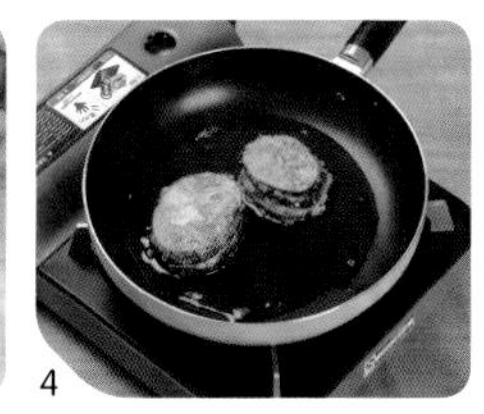

4

鲜肉茄子饼

做法

1 鸡蛋磕入盆中，打散，加入淀粉、中筋面粉、盐和鸡精，搅成面糊备用。

2 猪肉末加盐、鸡精、适量清水、香油和胡椒粉，调好口味。

3 茄子洗净，去蒂，切成椭圆形的蝴蝶片，夹入调好的肉馅，挂匀面糊。

4 平底锅置火上，倒入少许植物油烧至三成热，放入茄子饼坯，烙至两面呈金黄色，鼓起熟透即可。

原料

鱿鱼…1/2尾
虾仁…30克
韩式煎饼粉…150克
鸡蛋…1个
水…适量

调料

大蒜…2瓣
九层塔…1根
红葱肉臊…2大匙（30克）
香油…1小匙（5毫升）
白糖…1小匙（5克）

START >>

1

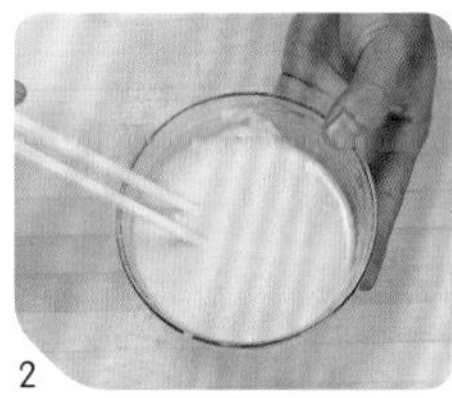
2

3

4

韩式海鲜红葱煎饼

做法

1 鱿鱼洗净，切成小圈；虾仁切背，剔除沙线，洗净；将鱿鱼和虾仁放入沸水中汆烫一下，过冷水沥干备用；大蒜、九层塔切碎备用。

2 取一容器，放入煎饼粉、鸡蛋和适量水，用汤匙搅拌均匀。

3 将做法 1 的鱿鱼、虾仁和大蒜末、九层塔碎，以及其他调料一起加入做法 2 的面糊里，搅拌均匀备用。

4 取一平底锅，倒入适量的做法 3 面糊，以中小火煎成金黄色即可。

原料

中筋面粉…70克
糯米粉…30克
淀粉…20克
水…150毫升
白山药丁…120克
紫山药丁…120克
虾仁…80克
甜豆…30克

调料

盐…1/4小匙（1克）
鸡精…少许
植物油…适量

START >>

1

2

3

山药煎饼

做法

1 虾仁洗净，切丁；甜豆去头尾，洗净切丁备用。

2 将中筋面粉、糯米粉、淀粉过筛，再加入水一起搅拌均匀成糊状，静置约30分钟，再加入所有调料及白山药丁、紫山药丁和虾仁、甜豆丁，拌匀，即为山药煎饼面糊备用。

3 取一平底锅加热，倒入适量植物油烧至五成热，再加入做法2的山药煎饼面糊，用小火煎至两面皆金黄熟透即可。

第四章

一杯豆浆 抚慰身心

自己动手制作营养丰富、价廉物美的豆浆不再是难事，本章介绍了用豆浆机、搅拌机制作每一种豆浆的细节、方法与小贴士。如果你恰好有一台豆浆机或者一台搅拌机，就可以轻轻松松自己在家做，一杯营养健康的豆浆，温暖又体贴。

原料

黄豆…80克

花生仁…20克

白糖…适量

START >>

1

2

3

花生豆浆

做法

1 黄豆加水泡至发软，捞出洗净；花生仁去皮。

2 将黄豆、花生仁放入豆浆机中，添水搅打煮熟成豆浆。

3 将豆浆过滤，加入适量白糖调匀即可。

小贴士

很多人都喜欢吃油炸花生米，其实这样做是不对的。花生仁经过火炒或油炸以后，其所含的维生素成分会被炒炸时的高温破坏掉，蛋白质、膳食纤维和新鲜花生衣也会部分碳化或全部碳化，这样其营养价值就很低了。因此，花生不建议火炒或油炸。

原料

黄豆…100克
熟黑芝麻…10克
白糖…适量

START >>

1

2-1

2-2

小贴士

黑芝麻营养价值极高，黑芝麻的补益作用比白芝麻要强一些，黑芝麻具有养血补肝肾的作用，常吃可以耳聪目明，对记忆力和思维能力的提高也非常有好处。

黑芝麻豆浆

做法

1 黄豆浸泡10～12小时，捞出洗净；熟黑芝麻碾成末。

2 将黄豆、黑芝麻末一同放入全自动豆浆机中，加清水至上、下水位线之间，启动豆浆机，制作完成后将豆渣过滤掉，加入适量白糖调味即可。

原料

青豆…100克
白糖…适量

START >>

1-1

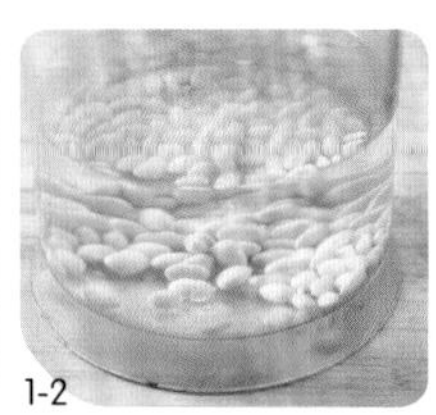
1-2

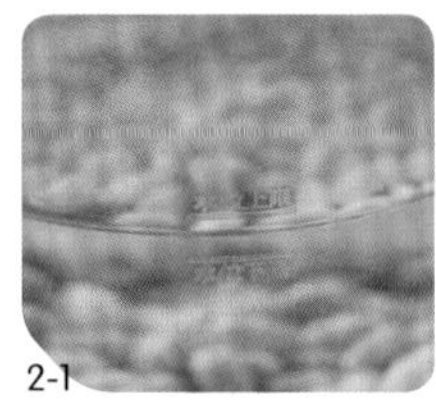
2-1

2-2

3-1

3-2

小贴士

青豆中富含人体所需的各种营养物质，尤其是含有优质蛋白质，可以提高人体的抗病能力和康复能力。另外，青豆中富含粗纤维，能促进大肠蠕动，保持大便通畅，起到清洁大肠的作用。

青豆豆浆

做法

1 将青豆淘洗干净，用清水浸泡 10 ~ 12 小时，捞出洗净。

2 将青豆放入豆浆机中，加水至上、下水位线之间，启动豆浆机，搅打煮熟成豆浆。

3 将豆浆过滤，加入适量白糖调味即可。

原料

黑豆…100克
白糖…适量

START >>

黑豆豆浆

做法

1 黑豆加水泡至发软，捞出洗净。
2 将黑豆放入全自动豆浆机中，添水搅打成豆浆。
3 将豆浆过滤，加入适量白糖调匀即可。

小贴士

黑豆含有优质的蛋白质、丰富的氨基酸和多种微量元素，能增强肠胃蠕动。黑豆皮为黑色，含有花青素，花青素对视力保护能够起到积极的作用。

原料

红豆…100克
白糖…适量

START >>

1

2-1

2-2

3-1

3-2

红豆豆浆

做法

1 红豆加水泡至发软，捞出洗净。
2 将红豆放入全自动豆浆机中，添水搅打成豆浆。
3 将豆浆过滤，加入适量白糖调匀即可。

小贴士

红豆含有丰富的膳食纤维，常吃能促进肠胃消化，增进食欲，还能促进排毒排便，有规律地排出毒素，还可以保护肠胃健康。

原料

黄豆…100克
白糖…适量

START >>

黄豆豆浆

做法

1 黄豆加水泡至发软，捞出，洗净。
2 将黄豆放入豆浆机中，添水搅打煮熟成豆浆。
3 将豆浆过滤，加入适量白糖调匀即可。

小贴士

1. 不要喝未煮熟的豆浆。因为生豆浆含有皂素和胰蛋白酶抑制物，会使人产生恶心、呕吐、腹泻等中毒症状。
2. 不能空腹喝豆浆。空腹喝豆浆后会使豆浆中的蛋白质过早地转化为热量而被消耗掉，无法发挥豆浆的营养功效。

原料

绿豆…100克
白糖…适量

START >>

绿豆豆浆

做法

1 绿豆加水泡至发软，捞出，洗净。
2 将绿豆放入豆浆机中，添水搅打煮熟成豆浆。
3 将豆浆过滤，加入适量白糖调匀即可。

小贴士

绿豆含有丰富的营养物质如优质蛋白、不饱和脂肪酸、碳水化合物、矿物质、维生素等，常吃绿豆可以补充营养元素，强身健体。绿豆还可以补充优质蛋白，提高身体免疫力，增强抵抗力。

原料

黄豆…50克
红枣…10颗
莲子…10克
冰糖…适量

START >>

1-1

1-2

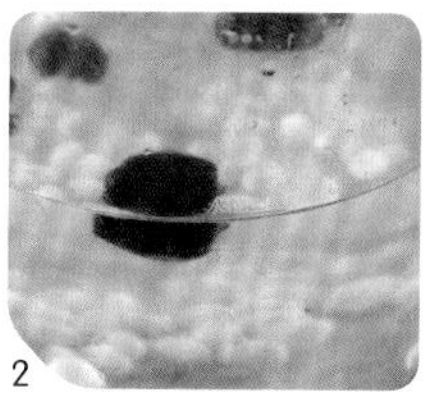

2

红枣莲子豆浆

做法

1 黄豆用清水浸泡至软，洗净备用；莲子洗净，浸泡2小时；红枣洗净，去核。

2 将莲子、红枣、泡好的黄豆一同放入豆浆机中，加入清水至上水位线，然后按下开关，待豆浆制作完成后过滤，加入冰糖即可。

小贴士

红枣中含有大量抗过敏的物质——环磷酸腺苷。当服用大枣后，其中的环磷酸腺苷被人体吸收，在血浆、白细胞及其他免疫细胞中的浓度增高，使细胞膜被稳定，减少了过敏介质的释放，从而一定程度阻止了过敏反应的发生，达到抑制过敏性疾病的作用。所以，有过敏症状的人可以多吃一些红枣。

原料

红薯…50克
山药…50克
黄豆…25克
燕麦片…适量
白糖…适量

START >>

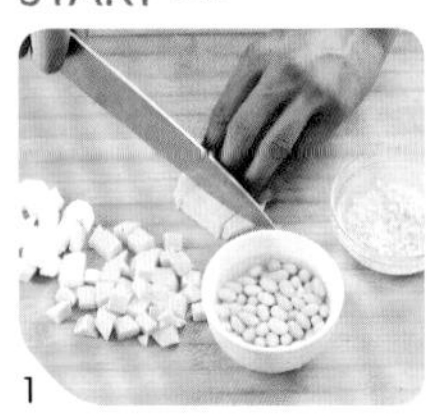
1

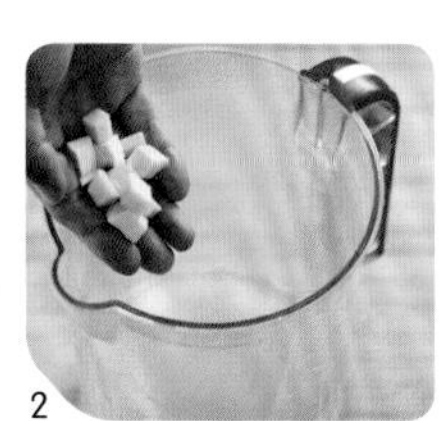
2

3

红薯山药豆浆

做法

1 黄豆加水泡至发软，捞出洗净；红薯、山药分别去皮切丁，山药下入开水锅中焯烫，捞出沥干；燕麦片用水泡开。

2 将红薯丁、山药丁、燕麦片、黄豆放入全自动豆浆机中，添水搅打成豆浆。

3 将豆浆过滤，加入适量白糖调匀即成。

小贴士

红薯中所含的赖氨酸，不仅是人体所必需的八种氨基酸之一，而且它能调节体内代谢平衡，增强免疫功能，对身体健康有着重要的作用。

原料

黄豆…50克
大米…25克
花生仁…15粒
核桃仁…适量
白糖…适量

START >>

1

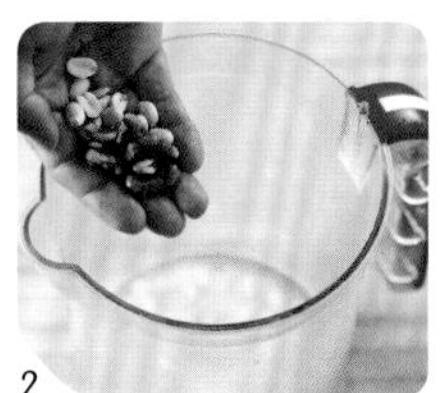
2

3

核桃花生豆浆

做法

1 黄豆加水泡至发软，捞出洗净；大米淘洗净。

2 将大米、花生仁、核桃仁、黄豆放入全自动豆浆机中，添水搅打成豆浆。

3 将豆浆过滤，加入适量白糖调匀即成。

小贴士

核桃和花生均含有丰富的磷脂和锌，可促进大脑发育，此外，磷脂还是细胞膜的必要组成成分，可促进生长发育。花生含有丰富的钙，有促进骨骼发育的作用。

原料

黄豆…50克
大米…25克
花生仁…15粒
核桃仁…适量
白糖…适量

START >>

1

2

3

红枣绿豆豆浆

做法

1 将绿豆加水泡至发软，捞出洗净；红枣洗净去核，加温水泡开。

2 将泡好的红枣、绿豆放入豆浆机中，添水搅打煮熟成红枣绿豆豆浆。

3 将豆浆过滤，加入适量白糖调匀即可。

小贴士

红枣含有丰富的维生素、氨基酸、矿物质，但蛋白质和淀粉含量少；绿豆为豆类食物，含有丰富的蛋白质和淀粉，二者结合可相互补充，营养价值极高。

原料

黄豆…60克
枸杞子…5克
菊花…5克
冰糖…适量

START >>

1

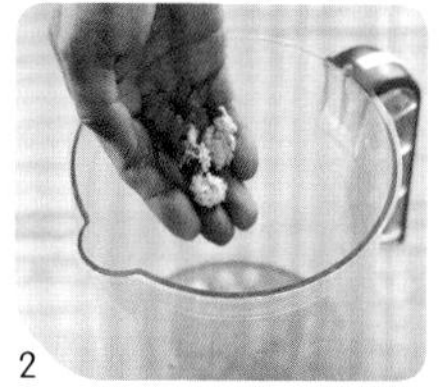
2

3

枸杞菊花豆浆

做法

1 将黄豆淘洗干净，放入清水中浸泡 10 ~ 12 小时，捞出洗净；枸杞子、菊花也分别洗净备用。

2 将上述食材倒入全自动豆浆机中，加水至上、下水位线之间，启动豆浆机，搅打煮熟成豆浆。

3 将豆浆过滤，加入适量冰糖调味即可。

小贴士

枸杞子营养价值很高，尤其擅长明目，所以还俗称“明眼子”。历代医家治疗肝血不足、肾阴亏虚引起的视物不清和夜盲症，常常用到枸杞子。著名方剂杞菊地黄丸，就以枸杞子为主要药物。民间也习用枸杞子治疗慢性眼病，枸杞蒸蛋就是简便有效的食疗方。吃枸杞子能够一定程度保护视力。

原料

黄豆…50克
山药…50克
桂圆…5颗
白糖…适量

START >>

1

2

3

桂圆山药豆浆

做法

1 黄豆加水泡至发软，捞出洗净；山药去皮洗净，切成小块，下入开水锅中焯烫，捞出沥干；桂圆去皮、核，取肉。

2 将山药块、桂圆肉、黄豆放入全自动豆浆机中，添水搅打成豆浆。

3 将豆浆过滤，加入白糖调匀即成。

小贴士

1. 桂圆含有丰富的葡萄糖、蔗糖及蛋白质，含铁量也较高，可在提高热能、补充营养的同时，促进血红蛋白的再生。
2. 山药营养价值极高，可缓解食欲不振、消化不良、慢性腹泻、咳嗽、糖尿病等虚病症状。

原料

黑豆…50克
鲜百合…25克
银耳…25克
蜂蜜…适量

START >>

1

2

3

百合安神豆浆

做法

1 黑豆加水泡至发软，捞出洗净；银耳泡发洗净，撕成小朵；鲜百合洗净。

2 鲜百合、银耳、黑豆放入全自动豆浆机中，添水搅打成煮熟豆浆。

3 将豆浆过滤，加蜂蜜调味即可。

小贴士

1. 银耳中含有多种氨基酸，可以满足人体对氨基酸的需求，富含维生素D，能防止钙的流失，对生长发育十分有益。
2. 银耳能提高肝脏解毒能力，有保肝作用。对慢性支气管炎、肺源性心脏病也有一定疗效。

原料

黄豆…80克
红枣…10克
枸杞子…10克
白糖…适量

START >>

1

2

3

红枣枸杞豆浆

做法

1 黄豆加水泡至发软，捞出洗净；红枣、枸杞子分别择洗净，加温水泡开。

2 将黄豆、红枣、枸杞子放入全自动豆浆机中，添水搅打成豆浆。

3 将豆浆过滤，加适量白糖调匀即可。

小贴士

红枣枸杞的搭配非常适合冬季饮用。红枣有增强体能、加强肌力的功效。红枣含糖量高，能够为体内蓄积大量的热量，因此特别适合在冬天食用。

原料

黑豆…40克
大米…30克
雪梨…1个
蜂蜜…适量

START >>

1

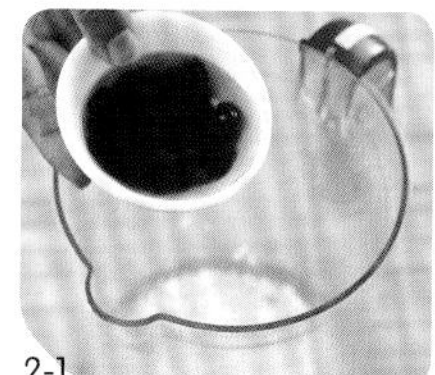
2-1

2-2

雪梨黑豆豆浆

做法

1 黑豆用清水浸泡 10 ~ 12 小时，洗净；大米淘洗干净；雪梨洗净，去蒂、核，切碎备用。

2 把上述食材一同倒入豆浆机中，加水至上、下水位线之间，煮至豆浆机提示豆浆做好，凉至温热后加蜂蜜调味即可。

小贴士

雪梨中含大量苹果酸、柠檬酸、维生素 B_1、维生素 B_2、维生素 C 和胡萝卜素等多种营养物质，能够强身健体，抵抗疾病侵袭。

原料

黄豆…50克
燕麦…30克
苹果…30克

START >>

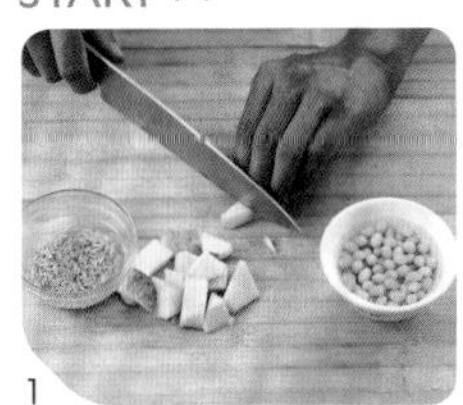
1

2

苹果燕麦豆浆

做法

1 将黄豆洗净，放入清水中浸泡 10 ~ 12 小时，捞出洗净；燕麦淘洗干净，用水浸泡 2 小时；苹果洗净，去蒂、核，切成小块。

2 将所有食材一同放入豆浆机中，加清水至上、下水位线之间，启动豆浆机，煮熟后过滤即可。

小贴士

1. 苹果含有丰富的碳水化合物及多种微量元素、维生素，具有通便的作用。苹果还含有能加快新陈代谢的物质，可以帮助缓解疲劳症状。
2. 燕麦富含 B 族维生素、叶酸。叶酸又称“造血维生素”，可提高身体免疫力。

原料

黄豆…50克
荞麦仁…15克
薏米…25克

START >>

1

2

薏米荞麦豆浆

做法

1 黄豆洗净，在温水中泡 7 ~ 8 小时至发软，捞出洗净；荞麦仁、薏米用清水浸泡约 3 小时，洗净备用。

2 将泡好的黄豆、荞麦仁、薏米一同放入豆浆机中，加清水至上、下水位线之间，启动豆浆机，待豆浆制作完成后，过滤即可。

小贴士

荞麦面是一种灰黑的面粉，别看它其貌不扬，营养价值却很高。荞麦中的蛋白质比大米和面粉都高，其中的赖氨酸和精氨酸对身体很有好处。

原料

黄豆…50克
木瓜…40克
蜂蜜…适量

START >>

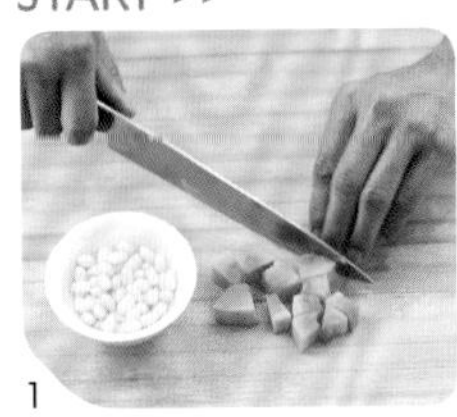
1

2

木瓜豆浆

做法

1 将黄豆清洗干净，在温水中泡 7 ~ 8 小时至发软，捞出；木瓜去皮及籽，切丁。

2 将泡好的黄豆、木瓜一同放入豆浆机中，加清水至上、下水位线之间，启动豆浆机，待豆浆制作完成后，过滤，调入蜂蜜即可。

小贴士

木瓜含有的木瓜蛋白酶，可将脂肪分解为脂肪酸，含有的酵素能消化蛋白质，有利于人体对食物的消化和吸收。

原料

黄豆…60克

玫瑰花…6克

冰糖…适量

START >>

1

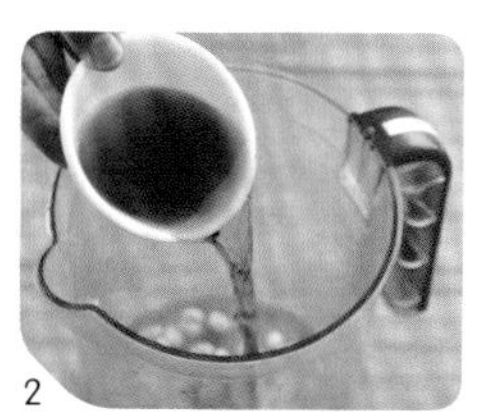

2

玫瑰豆浆

做法

1 黄豆用清水浸泡8～12小时，洗净；玫瑰花洗净，用开水冲泡，净置半小时，将玫瑰花瓣过滤掉。

2 把黄豆倒入豆浆机中，加冲泡好的玫瑰花水至上、下水位线之间，按下“豆浆”键，煮至豆浆机提示豆浆做好，将豆渣过滤后，加入冰糖搅拌至化开即可。

小贴士

玫瑰花含有丰富的维生素和单宁酸，可以调节内分泌，促进伤口愈合。与豆浆搭配在一起，当然更适合成长发育中的女孩子，令女孩子肌肤更加白皙、娇嫩，更有助于抵御粉刺、痘痘的侵袭。

原料

黄豆…60克
山楂…25克
大米…20克
白糖…适量

START >>

1

2

3

山楂大米豆浆

做法

1 黄豆用清水浸泡至软，洗净；大米淘洗干净；山楂洗净，去蒂，除核，切碎。

2 将上述食材一同倒入豆浆机中，浸泡 2 小时，添水，搅打煮熟成豆浆。

3 将豆浆过滤，饮用时加白糖调味即可。

小贴士

山楂中的黄酮类物质，可以预防心血管系统疾病的发生。此外，山楂中含有机酸如氯原酸、咖啡酸及鞣质、鞣苷、胡萝卜素及大量维生素 C，营养非常丰富。

原料

红豆…50克

小米…20克

胡萝卜…1/2根

冰糖…适量

START >>

1

2

3

红豆小米豆浆

做法

1 红豆加水泡至发软，捞出洗净；小米淘洗净；胡萝卜洗净，切小丁；冰糖捣碎。

2 将小米、红豆、胡萝卜放入豆浆机中，添水搅打煮熟成豆浆。

3 将豆浆过滤，加入适量碎冰糖调匀即成。

小贴士

小米中含有丰富的蛋白质，孩子吃小米，可以补充蛋白质，提高身体免疫力，增强抵抗力。小米还含有丰富的维生素A，常吃小米可以补充维生素A，可以明目养眼，促进健康视力的养成。

原料

大米…50克
黄豆…25克
白糖…适量

START >>

1

2

3

米香豆浆

做法

1 黄豆泡软，捞出后洗净备用；大米洗净。

2 将大米、黄豆放入全自动豆浆机中，添水搅打成豆浆。

3 将豆浆过滤，加白糖调味即可。

小贴士

1. 大米含有的米精蛋白，能补充人体所需的多种氨基酸，并且较易被人体消化吸收。此外，大米还含有多种矿物质、膳食纤维和B族维生素。
2. 黄豆含有的大豆蛋白质和大豆卵磷质可以降低胆固醇。另外豆浆还具有高热效应，能升高体温、温暖身体，非常适合怕冷的人饮用。

原料

黄豆…60克

桂圆…15克

红枣…15克

冰糖…适量

START >>

1

2

3

桂圆红枣豆浆

做法

1 黄豆用清水浸泡 8 ~ 12 小时，洗净；桂圆去壳、核；红枣洗净去核，切碎。

2 将上述食材放入豆浆机中，加入清水至上、下水位线之间，然后按下“豆浆”键，煮熟成豆浆。

3 待豆浆制作完成后过滤，加入冰糖搅拌至化开即可。

桂圆肉含有蛋白质、脂肪、糖类、有机酸、粗纤维及多种维生素及矿物质等，对人体有滋阴补肾、补中益气、润肺、开胃益脾的功效。

原料

黄豆…50克
绿豆…40克
蜂蜜…适量

START >>

1

2

蜂蜜绿豆豆浆

做法

1 先将黄豆、绿豆分别浸泡至软，捞出洗净。

2 将黄豆、绿豆一同放入豆浆机中，加清水至上、下水位线之间，启动豆浆机，待豆浆制作完成后过滤，倒入蜂蜜搅匀即可。

1. 蜂蜜中的氧化酶和还原酶对美白肌肤、减少体内毒素有很好的作用。所含有的B族维生素可帮助缓解疲劳，增强抵抗力。
2. 绿豆有很好的调节脂肪代谢、增强肠道蠕动作用。与蜂蜜同食，营养更为丰富，对有效排出体内毒素，调理便秘都有很好疗效。

原料

黄豆…50克
腰果…25克
莲子…10克
栗子…10克
薏米…10克
冰糖…适量

START >>

1

2

3

小贴士

腰果含有优质蛋白和构成脑神经细胞的营养物质，食用腰果有助于补充优质蛋白，促进脑部发育和神经系统的发育。如果食欲不佳，而腰果独特而鲜香的味道，有助于增进食欲和肠胃消化能力，促进孩子肠胃消化功能的提高。

腰果豆浆

做法

1 黄豆、莲子、薏米加水泡至发软，捞出洗净；腰果洗净泡软；栗子去皮洗净，泡软；冰糖捣碎。

2 将黄豆、腰果、莲子、栗子、薏米放入全自动豆浆机中，添水搅打成豆浆。

3 将豆浆过滤，加入适量碎冰糖搅匀溶化即可。

原料

黄豆…60克
薏米…10克
干百合…10克
白糖…适量

START >>

1

2

3

小贴士

薏米的营养价值很高，薏米中含有蛋白质、脂肪、碳水化合物、粗纤维、矿物质钙、磷、铁、维生素 B_1、维生素 B_2、维生素 B_3 等营养成分。其中蛋白质、脂肪、维生素 B_1 的含量远远高于大米。

薏米百合豆浆

做法

1 黄豆用清水浸泡发软，洗净；薏米、干百合洗净，泡水 3 小时。

2 将黄豆、薏米和百合放入全自动豆浆机中，添水搅打成豆浆。

3 将豆浆过滤，加入适量白糖调匀即可。

原料

黄豆…60克
开心果仁…20克
牛奶…250毫升
白糖…适量

START >>

1

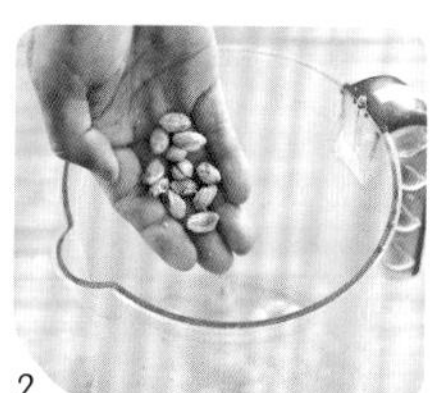
2

3

牛奶开心果豆浆

做法

1 先将黄豆洗净，放入清水中浸泡 10 ~ 12 小时，捞出。

2 把开心果仁和浸泡好的黄豆一同倒入豆浆机中，加水至上、下水位线之间，启动豆浆机，搅打，煮熟成豆浆。

3 依个人口味加入白糖调味，待豆浆凉至温热，倒入牛奶搅拌均匀即可。

小贴士

开心果紫红色的果衣，含有花青素，这是一种天然抗氧化物质，而翠绿色的果仁中则含有丰富的叶黄素，它不仅仅可以抗氧化，而且对保护视网膜也很有好处。

原料

大米…30克
黄豆…40克
核桃仁…20克
燕麦片…适量
白糖…适量
清水…适量

START >>

1

2

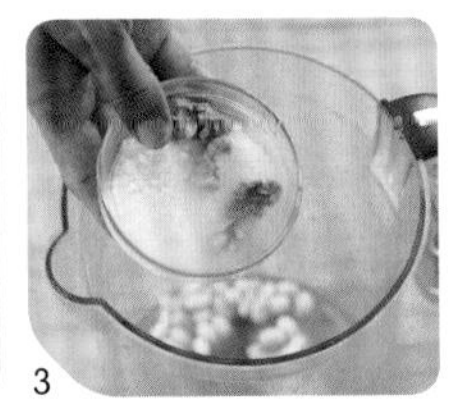
3

核桃燕麦米浆

做法

1 将黄豆洗净，提前浸泡至软；大米淘洗干净，捞出，沥水；核桃仁洗净，捞出备用。

2 将泡好的黄豆进行挑选，放入豆浆机中。

3 再在豆浆机中加入大米、核桃仁、燕麦片、清水，启动豆浆机，待豆浆煮熟后过滤，加入适量绵白糖充分搅拌均匀即可。

原料

西米…50克
黄豆…50克
清水、白糖或蜂蜜…各适量

START >>

1

2

3

西米豆浆

做法

1 将黄豆清洗干净后,在清水中浸泡6～8小时,泡至发软备用;西米淘洗干净,用清水浸泡2小时。

2 将浸泡好的黄豆同西米一起放入豆浆机的杯体中，添加清水至上下水位线之间，启动机器，煮至豆浆机提示西米豆浆做好。

3 将打出的西米豆浆过滤后，按个人口味趁热添加适量白糖，或等豆浆稍凉后加入蜂蜜即可饮用。

原料

黄豆…50克
高粱米…30克
红豆…20克
白糖或冰糖…适量

START >>

1

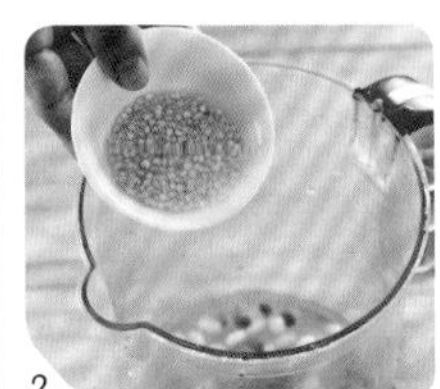
2

3

高粱红豆豆浆

做法

1 将黄豆、红豆清洗干净后，在清水中浸泡 6 ~ 8 小时，泡至发软备用；高粱米淘洗干净，用清水浸泡 2 小时。

2 将浸泡好的黄豆、红豆和高粱米一起放入豆浆机的杯体中，添加清水至上下水位线之间，启动机器，煮至豆浆机提示高粱红豆豆浆做好。

3 将打出的高粱红豆豆浆过滤后，按个人口味趁热添加适量白糖或冰糖调味，可用蜂蜜代替。

原料

黄豆…80克

苹果、菠萝、猕猴桃…各50克

原味酸奶、白糖或冰糖…各适量

START >>

1

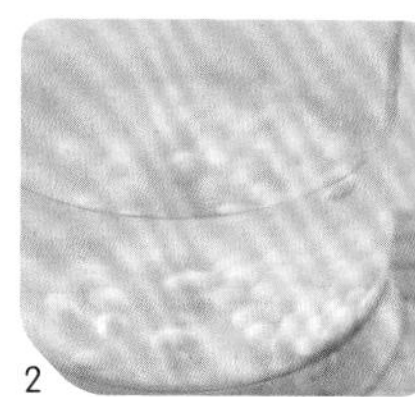
2

3

4

酸奶水果豆浆

做法

1 将黄豆清洗干净后，在清水中浸泡 6 ~ 8 小时，泡至发软备用；苹果、菠萝、猕猴桃去皮去核后洗干净，切成碎丁。

2 将浸泡好的黄豆放入豆浆机的杯体中，添加清水至上下水位线之间，启动机器，煮至豆浆机提示原味豆浆做好。

3 将打出的原味豆浆过滤后倒入碗中，冷却后，加入适量原味酸奶混合，再按个人口味趁热添加适量白糖或冰糖调味，不宜吃糖的患者，可用蜂蜜代替，或不加糖。

4 将切好的苹果、菠萝和猕猴桃放入调好的酸奶豆浆糊里即可。

第五章

营养好粥 慰贴肠胃

喝一口大米粥，夹一小撮儿咸菜，吃的是满心的舒服，满足！这种时常出现在餐桌上的“老搭档”总是能让人感觉到简简单单的温暖，这种温暖常常出现在一个阳光的早晨，一个下班的傍晚，再或者，只是一个休闲的午后。

南瓜雪耳粥

原料

大米…30克

南瓜…50克

银耳…10克

枸杞子… 5克

做法

1 枸杞子洗净，用温水泡发；干银耳用温水泡发，去除根部老硬部分，洗净，分成小朵；大米淘洗干净；南瓜去皮、去籽，洗净切成块。

2 南瓜块放入盘中，隔水蒸熟，待凉后用搅拌机搅打成泥状。

3 锅中加入适量清水，大火烧开后放入淘好的米。再次煮滚后，持续大火煮 20 分钟。

4 加入处理好的银耳，转小火煮 40 分钟。

5 将搅打好的南瓜泥倒入锅中，搅拌均匀，放入枸杞子，转大火再煮 5 分钟即可。

小贴士

银耳的挑选有妙招。一看：不要购买“雪白”的银耳。银耳的本色应为淡黄色，根部颜色略深；二闻：将银耳的包装塑料袋开一个小孔，闻是否有刺鼻的味道。如果有，说明其中二氧化硫的残留量较多；三浸泡：二氧化硫易溶于水，所以食用前可以先将银耳浸泡 3 ~ 4 小时，其间每隔 1 小时换一次水。烧煮时，应将银耳煮至浓稠状。一般而言，经过浸泡、洗涤、烧煮之后，可以大大减少银耳中残留的二氧化硫。

START >>

1-1

1-2

2

3

4

5

椰香紫米粥

原料

芒果…20克

紫米…40克

调料

椰浆…10毫升

做法

1 用刀贴着芒果核切入，将芒果两侧的果肉切下，接着用刀在果肉上划出1厘米大小的网状小格，再贴着芒果皮将果肉片下，呈小丁状。

2 将芒果核外圈的果皮削掉待用。

3 锅中放入适量热水和芒果核，大火烧沸后煮制15分钟，再将芒果核捞出不用，接着放入紫米，用小火慢慢熬煮40分钟，至紫米完全软烂黏稠。

4 将紫米甜汤盛入小碗中，淋入一勺椰浆。

5 最后在上面撒入芒果小丁即可。

1. 应一次将水量加足，避免熬煮紫米时二次加水，影响甜汤的口感。
2. 小火熬煮时还需不时用汤勺搅拌，避免紫米黏在锅底，受热焦煳。
3. 如不喜欢椰浆，也可选用淡奶油，味道更加香滑。

START >>

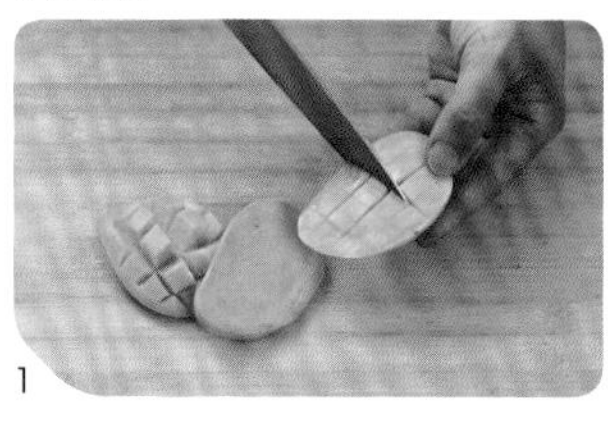
1

2

3

4

5

原料

白米…50克
绿豆…20克
小薏仁…30克

调料

水…600毫升
细砂糖…15克

START >>

绿豆小薏仁粥

做法

1 将绿豆和小薏仁一起洗净，泡水约 2 小时后沥干水分备用。

2 白米洗净沥干水分备用。

3 将做法 1、做法 2 的所有原料放入电饭煲内，煮成粥即可。

原料

紫米…60克
红豆…20克
圆糯米…20克
桂圆肉…10克

调料

米酒…20毫升
细砂糖…15克
水… 600毫升

START >>

1

2

3

4

红豆桂圆紫米粥

做法

1 紫米洗净，提前放在清水中浸泡 5 小时；红豆洗净，同样泡水 5 小时备用。

2 圆糯米洗净，沥干备用。

3 将做法 1、做法 2 的所有原料放入锅中，加入水煮至滚沸，搅拌一下盖上锅盖，再以小火煮约 40 分钟，熄火。

4 待做法 3 的紫米粥煮好后，加入桂圆肉、米酒和细砂糖煮约 10 分钟，最后再关火闷约 5 分钟即可。

原料

糯米…60克
百合…20克
莲子…10克
荷叶…1张

调料

冰糖…10克

START >>

1

2

3

4

荷叶冰粥

做法

1 圆粒糯米、鲜荷叶、鲜百合清洗干净，莲子剥去苦心。

2 将一张荷叶铺在锅底，之后加入 600 毫升清水，大火煮开，加入圆粒糯米、百合，莲子，煮滚后转小火，煲 50 分钟左右。

3 加入冰糖，在粥面上盖上另外一张荷叶，继续煮 10 分钟。

4 将煮熟的粥放置温凉，然后将粥锅放入冰水中，镇凉即可。

小贴士

1. 如果买不到新鲜的荷叶，可以去中药店购买干荷叶，效果是一样的。
2. 莲子不用提前浸泡，如果浸泡了反而不容易煮软。

原料

白薏仁…20克
红豆…10克
大米…30克
水…550毫升

调料

冰糖…10克

START >>

红豆大薏仁粥

做法

1 白薏仁和红豆一起洗净，泡水约 6 小时后沥干水分备用。

2 大米洗净，沥干水分备用。

3 汤锅中倒入水以中火煮至滚开，放入做法 1 原料再次煮至滚开，改小火加盖焖煮约 30 分钟，再加入大米拌匀煮至滚，改小火拌煮至米粒熟透且稍微浓稠，熄火。

4 将粥加热，最后加入冰糖调味即可。

原料

白米…60克
圆糯米…20克
花生仁…10克
水…600毫升
奶粉…10克

调料

细砂糖…20克

START >>

1

2

3

花生仁粥

做法

1 花生仁洗净，泡水约 4 小时后沥干水分，放入冰箱中冷冻一个晚上备用。

2 白米、圆糯米一起洗净并沥干水分备用。

3 将做法 1 原料放入电饭锅内，加入水拌匀，外锅加入 2 杯水煮至开关跳起，继续闷约 5 分钟，再加入做法 2 原料拌匀，外锅再次加入 1 杯水煮至开关跳起，再闷约 5 分钟，加入细砂糖拌匀即可。

原料

燕麦…40克
燕麦片…20克
红枣…5颗

调料

冰糖…2粒
牛奶…150毫升

START >>

1

2

3

4

红枣燕麦粥

做法

1 燕麦清洗后，用冷水泡半个小时，沥水捞出。

2 在碗中加入200毫升水，放入燕麦中火煮20分钟后取出。

3 在煮好的燕麦中加入燕麦片、红枣，用保鲜膜包好，放入微波炉中，用中火加热10分钟。

4 取出碗，加入牛奶、冰糖，再放入微波炉中，中火加热1分钟即可。

小贴士

1. 因为燕麦比较硬，做之前一定要用冷水泡一定时间。
2. 红枣要提前放，这样红枣的味道才能浸入粥里。
3. 牛奶需要后放，如果事先放，一定加热时间后，牛奶会冒泡，溢出。
4. 保鲜膜要选择透气性较好，适合微波炉使用的为宜。

原料

粳米…40克
何首乌…10克
红枣…2个
桂圆干…4个

调料

冰糖…10克

START >>

1

2

3

4

首乌红枣粥

做法

1 何首乌洗净；红枣洗净，去核；桂圆剥去外壳；粳米淘洗干净。

2 锅中加入适量水，放入何首乌，大火煲煮 1 小时，滗出汤汁，去掉料渣。

3 滗出的何首乌汤汁再次煮开后加入粳米、红枣、桂圆肉，煮沸后转小火煲煮 1 小时。

4 最后加入冰糖调味即可。

小贴士

何首乌有生熟之分，熟品是经过加工炮制的，能乌须黑发，而生首乌能滑肠致泻，所以在购买何首乌时一定要注意购买熟何首乌，以免引起身体不适。

原料

燕麦…30克
糯米…20克
白米…40克
桂圆肉…10克

调料

水…550毫升
冰糖…10克
料酒…少许

START >>

1

2

3

4

桂圆燕麦粥

做法

1 燕麦洗净，泡水约 3 小时后沥干水分备用。

2 糯米和白米一起洗净沥干水分备用。

3 将做法 1、做法 2 的所有原料放入汤锅中，加入水开中火煮至滚沸，稍微搅拌后改转小火加盖熬煮约 15 分钟。

4 最后加入桂圆肉及调料煮至再次滚沸即可。

原料

糙米…20克
绿豆…30克
小米…10克
紫薯丁…10克
枸杞子…5克
新鲜百合…1粒
甘蔗汁…100毫升
水…600毫升

START >>

1-1

1-2

2-1

2-2

清心粥

做法

1 糙米、绿豆、小米洗净，一起泡冷水约 4 小时后，沥出水分，将糙米、绿豆、小米加入原料中的水，放入锅中煮约 1 小时。

2 待做法 1 的糙米、绿豆、小米煮成稀状时，倒入甘蔗汁再煮约 10 分钟，接着加入紫薯丁、枸杞子、新鲜百合，继续蒸煮约 5 分钟即可。

原料

小米…60克
栗子…20克
枸杞子…4粒

调料

冰糖…2粒

START >>

1

2

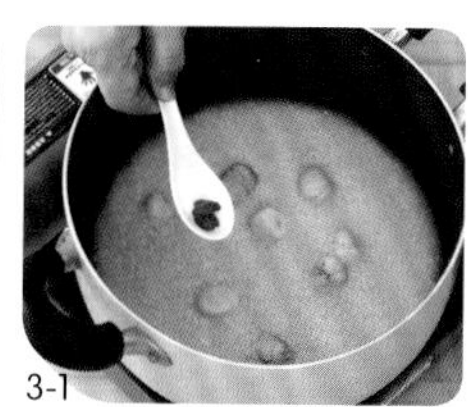
3-1

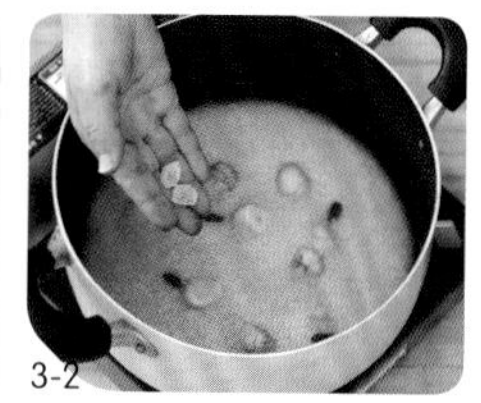
3-2

浓稠甘栗小米粥

做法

1 将小米淘洗干净,放入锅中,冲入适当的凉水,大火烧开,转小火炖煮30分钟。
2 生栗子剥皮,清洗干净,放入熬煮的小米粥当中,之后继续炖煮 30 分钟。
3 出锅前放入泡发好的枸杞子,搅拌均匀,适当焖烧一下,加入冰糖调味即可。

鲜玉米粥

原料

新鲜甜玉米…1根
胡萝卜…20克
鲜香菇…1朵
蛋清…1个

调料

鸡汤…300毫升
盐…2克

做法

1 胡萝卜洗净削去外皮，切成1厘米见方的小丁。

2 香菇用流水冲洗干净，切去根蒂，再切成1厘米见方的小丁。

3 将新鲜甜玉米剥去外皮及须毛，再竖起用刨丝器将甜玉米粒刨下，制成甜玉米碎。

4 在汤锅中加入鸡汤，大火烧沸后将香菇小丁和胡萝卜小丁放入，用中火煮制约10分钟。

5 接着将刨好的甜玉米碎放入锅中，混合均匀，用中火继续煮制5分钟。

6 最后在锅中调入盐，离火后，迅速淋入蛋清，并用汤勺推搅出蛋花即可。

小贴士

在用刨丝器擦甜玉米时，甜玉米粒会流出大量的汁水，这些汁水中含有甜玉米的大量精华，千万不可浪费掉，一定要与甜玉米碎收集在一起，进行下一步烹调。

START >>

1

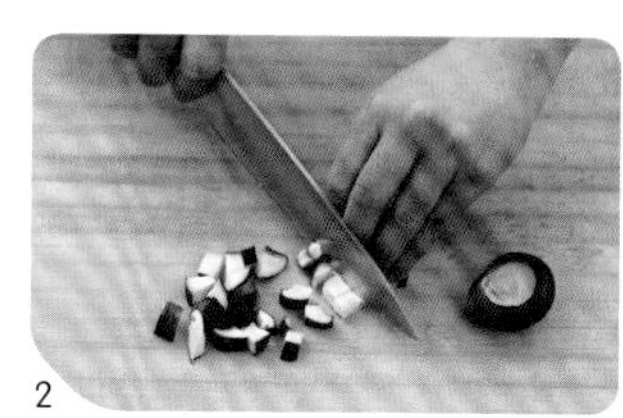
2

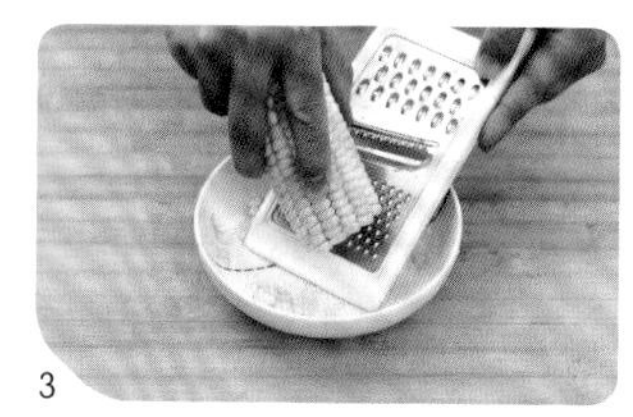
3

4

5

6

黑芝麻粳米粥

原料

大米…50克
黑芝麻…20克
枸杞子…10克

调料

冰糖…10克

做法

1 黑芝麻洗净沥干水分，用小火焙香后碾碎备用；粳米淘洗干净；枸杞子用温水泡发后洗净。

2 锅中加入适量水，大火烧开后放入粳米和黑芝麻碎同煮，再次煮开后继续煮10分钟，然后转小火煲煮30分钟，至粥黏稠。

3 最后放入泡发的枸杞子、冰糖，再煮10分钟即可。

小贴士

淘洗黑芝麻时，可以将黑芝麻放入一个碗中，加上水，用筷子轻微搅动（尽量不要用手），然后把芝麻顺着水慢慢倒入小孔筛网中。水会先倒完，但碗里还有许多黑芝麻，加点水再来一遍，直到碗里剩下一些沙砾。这样就可以把黑芝麻中的细小沙砾去掉了。

START >>

1

2

3-1

3-2

原料

粳米…60克
牛奶…200毫升

调料

红糖…15克

START >>

1

2

3

4

牛奶红糖粳米粥

做法

1 粳米淘洗干净。

2 锅中加入适量水，大火烧开，把淘洗好的米放入锅中，沸腾后继续煮 15 分钟，转小火熬煮 40 分钟。

3 加入牛奶继续煮 3 分钟。

4 加入红糖调味。

小贴士

1. 牛奶不要太早加入，否则长时间熬煮会流失其中的营养成分。
2. 可根据个人口味将红糖换成白糖。
3. 胃酸过多的人不宜食用此粥。

原料

紫米…40克
红小豆…10克
花生米…20克

调料

糖桂花…10克
盐…1克

START >>

1

2

3

桂花红豆紫米粥

做法

1 紫米、红小豆淘洗干净，加清水浸泡 8 小时，倒去浸泡的水备用；花生米洗净，沥去水分。

2 锅中加入 1000 毫升清水，大火煮沸，放入淘好的紫米、红小豆和花生米，大火煮 20 分钟，加入盐然后转小火继续煮 50 分钟。

3 吃的时候加入糖桂花即可。

小贴士

1. 红小豆的种皮结构致密，不易吸水，需要将红小豆浸泡 8 小时以上豆子才能膨胀，内部变软，这样煮好的豆子才能豆粒完整而口感柔软。用其他豆子煮粥时也需要这样处理。
2. 如果没有糖桂花也可以用蜂蜜代替。
3. 少少地放一点盐可以使红小豆的豆香味更浓郁。

原料

圆粒糯米…50克
鲜百合…10克
莲子…10克
茯苓…5克

调料

冰糖…10克
干荷叶…1张

荷叶百合茯苓粥

做法

1 干荷叶用温水浸泡回软；莲子剥去苦心；圆粒糯米、鲜百合清洗干净。

2 将荷叶铺在锅底，之后加入 600 毫升清水，大火煮开，加入圆粒糯米、百合、莲子、茯苓，煮滚后转小火，煲 50 分钟左右，熄火。

3 加入冰糖，继续煮 10 分钟即可。

1. 如果能买到新鲜荷叶，煮出的粥味道会更好，有一种天然的清香。
2. 干荷叶在中药店或者大型农贸市场可以买到。
3. 去除莲子心可以用牙签，一捅心就出来了。
4. 茯苓在中药店可以买到。茯苓中富含的茯苓多糖能增强人体免疫功能，长期食用还可养颜护肤。

原料

绿豆…60克
菊花…5克
干百合…10克

调料

冰糖…10克

START >>

1

2

3

4

绿豆百合菊花粥

做法

1 绿豆、干百合、菊花洗净；绿豆加水浸泡8小时；百合用清水浸泡20分钟。

2 把所有原料一起放入锅中，加入500毫升清水。

3 大火煮开后，转中小火煲煮80分钟左右。

4 最后加入冰糖调味即可。

小贴士

1. 菊花用普通的杭白菊就可以。
2. 绿豆煮久一点，吃起来会有沙沙的感觉。
3. 百合性味甘寒，有养阴清肺、清心安神的功效。

原料

南瓜…40克
糙米…10克
小米…10克
大米…10克
玉米渣…10克

START >>

1

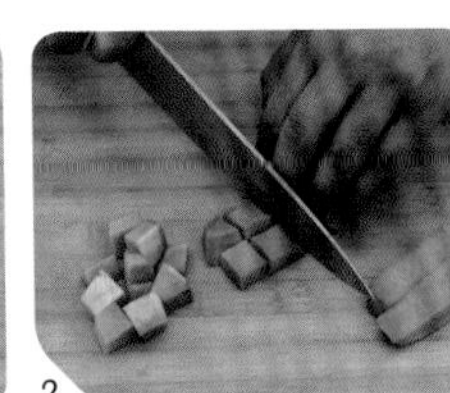
2

3

4

南瓜杂粮粥

做法

1 糙米、小米、大米和玉米渣混合，盛入大碗中，加入水浸泡 1 小时以上。
2 南瓜洗净去皮切成 1 厘米大小的丁备用。
3 将泡好的杂粮盛入砂锅中，加入600毫升的水，大火烧开转小火煮至30分钟。
4 最后再加入切好的南瓜丁，煮至粥稠、南瓜丁变软即可。

原料

大米粥…1碗
口蘑 … 30克
菠菜 … 20克
肉末…10克
胡萝卜粒…10克
儿童奶酪…1片

调料

盐…2克

START >>

1

2

3

乳酪蘑菇粥

做法

1 菠菜洗净，入沸水中焯一下，取出切末。

2 口蘑洗净切片，与肉末、胡萝卜粒放入烧开的 5 分稠的大米粥中煮熟、煮软。

3 儿童奶酪切丝，与菠菜末放入粥中煮开下盐调味即可。

小贴士

1. 奶酪不仅可以做西餐，其实中国吃法比如吃面条、做汤、炖肉、做馅饼的时候都可以适当地加一些到原料中去，让奶酪天然的淡淡香气增进食欲。
2. 口蘑中含有蛋白质、其中还有人体必需氨基酸、丰富的香菇多糖、维生素 A 和维生素 D，是很好的辅助食品。

原料

油菜…1棵
鸡蛋…1个
燕麦片…30克

调料

盐…2克
香油…4毫升
排骨汤…400毫升

START >>

1

2

3

4

燕麦油菜粥

做法

1 锅中放入排骨汤烧开，加入麦片（可根据孩子喜好由稀到稠），用筷子不停搅动，直至燕麦片软烂。

2 鸡蛋在碗中打散；油菜洗净，切成碎末。

3 将蛋液、排骨汤（或鸡汤）、油菜碎放入燕麦粥中，再次烧开后，小火继续加热 1 分钟，离火。

4 调入盐和香油，放凉即可食用。

小贴士

此粥鲜香滑软，可口又营养，还比较容易消化，加入的蔬菜可按季节和口味进行更换和调整。

原料

大米…60克
炸花生米…10克

调料

香葱末…5克
姜…3克
盐…2克
植物油…4毫升
骨汤…600毫升

START >>

1

2

3

细味清粥

做法

1 大米淘洗干净，加入油和少许盐搅拌均匀，腌渍半小时。

2 将腌渍好的大米倒入大砂锅中，加入骨汤，大火滚煮10分钟，之后加入姜丝，改用小火煲60分钟。

3 调入剩余的盐，拌和均匀关火。吃时撒上炸花生米和香葱末即可。

基础骨汤的熬煮

用料：猪棒骨1000克　老姜5片

做法：1. 猪棒骨剁成大块，洗去表面血水和杂质；将猪棒骨块放入汤锅中，加入足量的冷水。

2. 大火烧开汤锅中的水，持续烧煮5分钟，使汤水一直保持沸腾，撇去浮沫。

3. 猪棒骨块捞出冲净表面杂质；汤锅中的水倒掉，洗净汤锅。

4. 将猪棒骨块重新放入汤锅中，注入5升冷水，加入姜片，煮沸后转小火，熬煮2小时即可。

原料

白米…50克
绿竹笋…10克
猪肉馅…20克
香菇…1朵
蒜末…3克
芹菜末…少许
高汤…800毫升

调料

盐…2克
鸡精…2克
白胡椒粉…少许
植物油…适量

START >>

1

2

3

4

竹笋粥

做法

1 白米洗净泡水 1 小时后沥干水分备用。

2 绿竹笋洗净去壳，放入滚水中汆烫一下，捞出沥干后切丝；香菇洗净泡软，切除蒂头后切小丁备用。

3 热锅倒入少许油烧热，放入蒜末和香菇丁小火爆香再加入猪肉馅，改中火续炒至变色，再依序加入高汤、白米和竹笋丝以中火煮至滚沸，改小火拌煮约 30 分钟，熄火。

4 以所有调料调味，最后加入芹菜末即可。

原料

白饭…80克
大骨汤 … 600毫升
碎牛肉…20克
小油菜…20克
葱丝…3克
姜丝…2克
鸡蛋…1个

调料

盐…1/2茶匙
白胡椒粉…少许
香油…1/2茶匙
植物油…适量

START >>

1

2

3

4

5

窝蛋牛肉粥

做法

1 将白饭放入大碗中，加入约50毫升的水，用大汤匙将有结块的白饭压散备用。

2 取一锅，将大骨汤倒入锅中煮开，再放入做法 1 压散的白饭，煮滚后转小火，续煮约 5 分钟至米粒糊烂。

3 于做法 2 中加入碎牛肉，并用大汤匙搅拌均匀，再煮约 1 分钟后，加入盐、白胡椒粉、香油拌匀后熄火。

4 鸡蛋放入油锅中煎成荷包蛋备用。

5 取一碗，装入小油菜丝、葱丝及姜丝，再将做法 3 煮好的牛肉粥倒入碗中，最后将荷包蛋放在最上面，食用时将鸡蛋与粥拌匀即可。

原料

紫米…30克
胚芽米…20克
红薯…10克
苋菜…10克
空心菜…10克
吻仔鱼…10克

调料

盐…2克
清高汤…700毫升

START >>

1

2

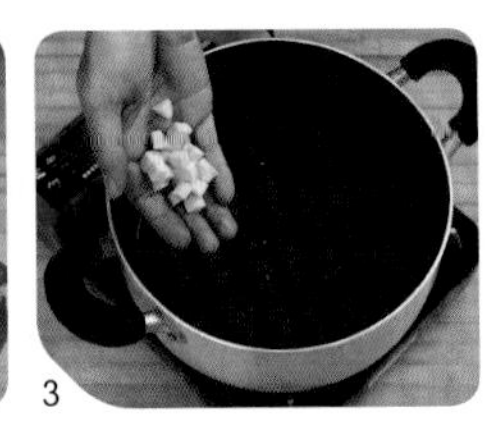
3

4

紫米蔬菜粥

做法

1 将紫米、胚芽米洗净后以清水浸泡 6 小时备用。

2 红薯去皮后切成丁状；苋菜、空心菜洗净后切成段状；吻仔鱼洗净后备用。

3 把做法 1 的紫米、胚芽米沥干水分后与清高汤一起以大火煮约 20 分钟至软，再加入做法 2 的红薯丁，续煮约 5 ~ 6 分钟。

4 把做法 2 的苋菜、空心菜段与盐加入做法 3 中一起煮沸，最后加入吻仔鱼煮熟即可。

原料

白饭…60克
去骨鲜鱼片…30克
生菜…10克
香葱碎… 适量
姜汁…1小匙
高汤…600毫升

调料

盐…1/2小匙
料酒…1小匙
白胡椒粉 … 少许

腌料

盐…少许
淀粉…少许
料酒…少许

START >>

1-1

1-2

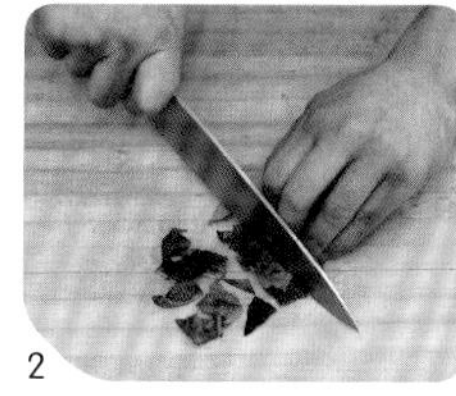
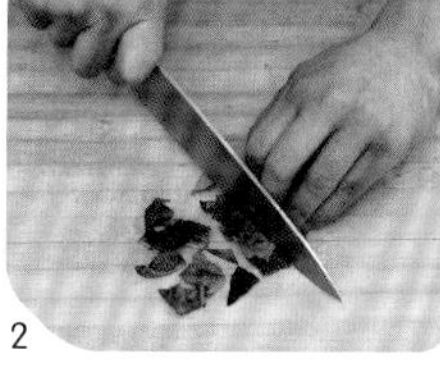
2

3

鱼片粥

做法

1 去骨鲜鱼片洗净，沥干水分，放入大碗中，加入所有腌料拌匀并腌约 1 分钟，再放入滚水中汆烫至变色，立即捞出沥干水分备用。

2 生菜剥下叶片洗净，沥干水分后切小片备用。

3 汤锅中倒入高汤以中火煮至滚开，放入白饭改小火拌煮至略浓稠，加入做法 1 及做法 2 续煮约 1 分钟，再加入所有调料调味，最后加入香葱碎煮匀即可。

原料

白饭…60克
大骨汤…500毫升
草虾仁…20克
姜末…5克
鸡蛋…1个
葱花…5克
油条…10克

调料

盐…2克
白胡椒粉…少许
香油…1/2茶匙

START >>

1

2

3

4

5

虾球粥

做法

1 草虾仁背部划开、去肠泥，洗净沥干备用。

2 将白饭放入大碗中，加入约50毫升的水，用大汤匙将有结块的白饭压散备用。

3 取一锅，将大骨汤倒入锅中煮开，再放入做法2压散的白饭，煮滚后转小火，续煮约5分钟至米粒糊烂。

4 于做法3中加入做法1的草虾仁及姜末，并用大汤匙搅拌均匀，再煮约1分钟后，加入盐、白胡椒粉、香油拌匀，接着淋入打散的鸡蛋，拌匀凝固后熄火。

5 起锅装碗后，可依个人喜好撒上葱花及放上小块油条搭配即可。

原料

大米…30克
鸡胸肉…30克
大虾…30克
青椒…半个

调料

高汤…500毫升
盐…3克

START >>

1

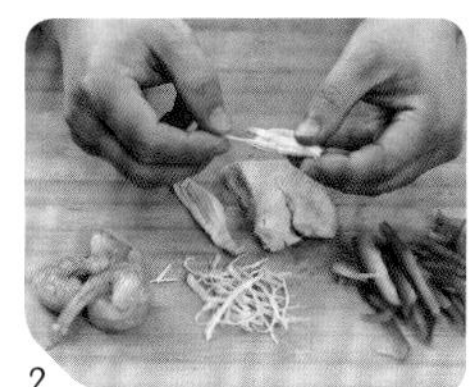
2

3

4

鸡丝虾仁青椒粥

做法

1 将大米用清水淘洗干净，放入锅中加入高汤煮沸，然后转小火煮 15 分钟左右。

2 大虾去头，剔除肠线洗净，鸡胸肉煮熟撕成细丝，青椒洗净切丝。

3 将虾仁、青椒丝、鸡丝放入粥中同煮几分钟。

4 出锅前加入盐调味即可。

小贴士

1. 大米淘净后可以用冷水浸泡 20 分钟，做出的粥会更加细软香浓。
2. 如果没有高汤，还可以用鸡精加水煮开代替。

原料

粥底…100克
猪肝…20克
葱花…2克
姜末…2克
姜丝…2克
瘦猪肉…30克

调料

干淀粉…5克
料酒…5毫升
盐…2克
白胡椒粉…2克

START >>

1

2

3

4

生滚猪肝粥

做法

1 猪肝用流水洗净，切成约 0.3 厘米厚的薄片，装入碗内，加入干淀粉、葱花、姜末、料酒、盐，抓拌均匀，腌渍 15 分钟。

2 瘦猪肉洗净后也切成薄片，装入碗内，加入干淀粉、料酒抓拌均匀，腌渍 15 分钟。

3 大火煮沸粥底，放入腌渍好的猪肝、瘦猪肉和姜丝并迅速拨散，滚煮 8 分钟左右。

4 加白胡椒粉调味即可。

小贴士

煮猪肝时，时间不宜过长，否则猪肝不嫩滑，但时间太短猪肝未熟透又不卫生，因此火候是影响猪肝片口感的重要因素。

附录 营养豆浆对症保健速查表

对症功效	豆浆名称	豆浆配料
减脂健康	红薯豆浆	红薯50克，黄豆50克，清水适量
	荷叶豆浆	荷叶30克，黄豆70克，清水、白糖或冰糖适量
	薏米红枣豆浆	薏米30克，红枣20克，黄豆50克，清水、白糖或冰糖适量
	莴笋黄瓜豆浆	莴笋30克，黄瓜20克，黄豆50克，清水适量
	西芹绿豆浆	西芹20克，绿豆80克，清水适量
	西芹荞麦豆浆	西芹20克，荞麦30克，黄豆50克，清水、白糖或冰糖适量
	糙米红枣豆浆	糙米30克，红枣20克，黄豆50克，清水、白糖或冰糖适量
	桑叶绿豆豆浆	桑叶20克，绿豆30克，黄豆50克，清水适量
改善睡眠	百合葡萄小米豆浆	小米40克，鲜百合10克，葡萄干10克，黄豆40克，清水、白糖或冰糖适量
	红豆小米豆浆	红豆25克，小米35克，黄豆40克，清水、白糖或冰糖适量
	核桃花生豆浆	核桃仁2枚，花生仁20克，黄豆50克，大米50克，清水、白糖或冰糖适量
	核桃桂圆豆浆	黄豆80克，核桃仁2枚，桂圆、清水、白糖或冰糖适量
	南瓜百合豆浆	黄豆50克，南瓜50克，鲜百合20克，水、盐、胡椒粉适量
	绿豆小米高粱豆浆	高粱米20克，小米20克，绿豆20克，黄豆40克，清水、冰糖适量
	百合枸杞豆浆	枸杞子30克，鲜百合20克，黄豆50克，清水、白糖或冰糖适量
护发乌发	核桃蜂蜜豆浆	核桃仁2～3个，黄豆80克，蜂蜜10克、清水适量
	核桃黑豆豆浆	黑豆80克，核桃仁1～2颗，清水、白糖或冰糖适量
	芝麻核桃豆浆	黄豆70克，黑芝麻20克，核桃仁1～2颗，清水、白糖或冰糖适量
	芝麻黑米黑豆豆浆	黄豆50克，黑芝麻10克，黑米20克，黑豆20克，清水、白糖或冰糖适量

对症功效	豆浆名称	豆浆配料
护发乌发	芝麻蜂蜜豆浆	黑芝麻30克，黄豆60克，蜂蜜10克，清水适量
	芝麻花生黑豆浆	黑豆50克，花生30克，黑芝麻20克，清水、白糖或冰糖适量
	核桃黑米豆浆	黄豆50克，黑米30克，核桃仁1～2颗，清水、白糖或冰糖适量
	糯米芝麻黑豆浆	糯米30克，黑芝麻20克，黑豆50克，清水、白糖或冰糖适量
清热降暑	黄瓜豆浆	黄瓜20克、黄豆70克，清水适量
	清凉冰豆浆	黄豆100克，清水、冰块、冰糖适量
	绿桑百合豆浆	黄豆60克，绿豆20克，桑叶2克，干百合20克，清水、白糖或冰糖适量
	绿茶米豆浆	黄豆50克，大米40克，绿茶10克，清水、白糖或冰糖适量
	黄瓜玫瑰豆浆	黄豆50克，燕麦30克，黄瓜20克，玫瑰3克，清水、白糖或冰糖适量
	荷叶绿茶豆浆	荷叶30克，绿茶20克，黄豆50克，清水、白糖或冰糖适量
	西瓜红豆豆浆	西瓜50克，红豆50克，黄豆30克，清水、白糖或冰糖适量
	哈密瓜绿豆豆浆	哈密瓜40克，绿豆30克，黄豆30克，清水、白糖或冰糖适量
	薏米荞麦豆浆	荞麦30克，薏米20克，黄豆50克，清水、白糖或蜂蜜适量
	菊花雪梨豆浆	菊花20克，雪梨一个，黄豆50克，清水、白糖或冰糖适量
排毒清肠	豌豆浆	豌豆100克、白糖适量，清水适量
	荞麦豆浆	荞麦50克，黄豆50克，清水、白糖或冰糖适量
	糙米燕麦豆浆	燕麦片30克，糙米20克，黄豆50克，清水、白糖或冰糖适量
	莴笋绿豆豆浆	莴笋30克，绿豆50克，黄豆20克，清水适量
	芦笋绿豆豆浆	芦笋30克，绿豆50克，黄豆20克，清水适量
	糯米莲藕豆浆	糯米30克，莲藕20克，黄豆50克，清水适量
	海带豆浆	海带30克，黄豆70克，清水、白糖或冰糖适量
	红薯绿豆豆浆	绿豆30克，红薯30克，黄豆40克，清水、白糖或冰糖适量
	生菜绿豆豆浆	生菜30克、绿豆20克，黄豆50克，清水适量

对症功效	豆浆名称	豆浆配料
补钙	麦枣豆浆	黄豆50克，燕麦片50克，干枣、清水、白糖或冰糖适量
	芝麻花生黑豆浆	黑芝麻20克，花生20克，黑豆70克，清水、白糖或冰糖适量
	西芹黑豆豆浆	西芹20克，黑豆30克，黄豆50克，清水适量
	紫菜虾皮豆浆	黄豆50克，大米20克，虾皮10克，紫菜10克，清水、葱末、盐适量
	紫菜黑豆豆浆	紫菜20克，大米30克，黑豆20克，黄豆30克，盐、清水适量
	芝麻黑枣黑豆浆	黑芝麻10克，黑枣30克，黑豆60克，清水、白糖或冰糖各适量
	西芹紫米豆浆	黄豆50克，紫米20克，西芹30克，清水、白糖或冰糖适量
改善贫血	香桃豆浆	鲜桃一个，黄豆50克，清水、白糖或冰糖适量
	桂圆花生红豆浆	桂圆20克，花生仁20克，红豆80克，清水、白糖或冰糖适量
	红枣紫米豆浆	红枣10克，紫米30克，黄豆60克，清水、白糖或蜂蜜适量
	黄芪糯米豆浆	黄芪25克，糯米50克，黄豆50克，清水、白糖或冰糖适量
	花生红枣豆浆	黄豆60克，红枣15克，花生15克，清水、白糖或冰糖适量
	黑芝麻枸杞豆浆	枸杞子25克，黑芝麻25克，黄豆50克，清水、白糖或冰糖适量
	山药莲子枸杞豆浆	山药30克，莲子10克，枸杞10克，黄豆50克，清水、白糖或冰糖适量
	红枣枸杞紫米豆浆	红枣20克，枸杞10克，紫米20克，黄豆50克，清水、白糖或蜂蜜适量
	桂圆红豆浆	桂圆30克，红豆50克，清水、白糖或冰糖适量
	人参红豆糯米豆浆	人参10克，红豆20克，糯米15克，黄豆80克，清水、白糖或冰糖适量
滋润皮肤	玫瑰花红豆浆	玫瑰花5~8朵，红豆90克，清水、白糖或冰糖适量
	茉莉玫瑰花豆浆	茉莉花3朵，玫瑰花3朵，黄豆90克，清水、白糖或冰糖适量
	香橙豆浆	橙子1个，黄豆50克，清水、白糖或冰糖适量
	牡丹豆浆	牡丹花球5~8朵，黄豆80克，清水、白糖或冰糖适量

对症功效	豆浆名称	豆浆配料
滋润皮肤	红枣莲子豆浆	红枣15克、莲子15克、黄豆50克、清水、白糖或冰糖适量
	蜂蜜红豆豆浆	黄豆30克，红豆60克、蜂蜜10克、清水适量
	薏米玫瑰豆浆	薏米20克，玫瑰花15朵，黄豆50克，清水、白糖或冰糖适量
	百合莲藕绿豆浆	鲜百合5克，莲藕30克，绿豆70克，清水、食盐或白糖适量
	西芹薏米豆浆	黄豆50克，薏米20克，西芹30克，清水、白糖或冰糖适量
	大米红枣豆浆	大米25克，红枣25克，黄豆50克，清水、白糖或冰糖适量
	桂花茯苓豆浆	桂花10克，茯苓粉20克，黄豆70克，清水、白糖或冰糖适量
	糯米黑豆浆	糯米30克，黑豆70克，清水、食盐或白糖适量
健脑	核桃豆浆	核桃仁1~2个，黄豆80克，白糖或冰糖、清水适量
	红枣香橙豆浆	红枣10克，橙子1个，黄豆70克，清水、白糖或冰糖适量
	蜂蜜薄荷绿豆豆浆	薄荷5克，绿豆20克，黄豆50克，蜂蜜10克，清水适量
	糙米核桃花生豆浆	糙米40克，核桃10克，花生20克，黄豆30克，清水、白糖或冰糖适量